淡然

人 生 何 必 太 强 求

牧原◎编著

中国华侨出版社
·北京·

图书在版编目（CIP）数据

淡然：人生何必太强求 / 牧原编著. —北京：中国华侨出版社，2012.6（2024.4 重印）

ISBN 978-7-5113-2380-4

Ⅰ. ①淡⋯ Ⅱ. ①牧⋯ Ⅲ. ①人生哲学–通俗读物 Ⅳ. ①B821-49

中国版本图书馆 CIP 数据核字（2012）第 086845 号

淡然：人生何必太强求

编　　著：	牧　原
责任编辑：	刘晓燕
经　　销：	新华书店
开　　本：	710 毫米×1000 毫米　1/16 开　印张：15　字数：206 千字
印　　刷：	大厂回族自治县德诚印务有限公司
版　　次：	2012 年 6 月第 1 版
印　　次：	2024 年 4 月第 2 次印刷
书　　号：	ISBN 978-7-5113-2380-4
定　　价：	49.80 元

中国华侨出版社　北京市朝阳区西坝河东里 77 号楼底商 5 号　邮编：100028
编辑部：(010) 64443056－8013　　传　真：(010) 64439708
网　　址：www.oveaschin.com　　E－mail：oveaschin@sina.com

如发现印装质量问题，影响阅读，请与印刷厂联系调换。

前 言
PREFACE

快节奏的现代化生活，虽然给我们带来了物质上的富足，却也不停地扰乱着我们原本平静的内心，让我们时常疲惫不已。

漫漫人生旅途中，我们不停向前，不停追寻，我们的内心时不时地会感到忧虑、浮躁、纠结、痛苦、焦虑、迷茫、彷徨、失落、懈怠和颓废……有时候，我们会禁不住问自己：每天忙忙碌碌究竟是为了什么？我们生活为何如此繁杂？为何总会不自觉地在得与失之间挣扎，在取与舍之间犹豫不决，在不幸与挫折面前抱怨不止……我们的心开始慢慢地麻木，一天一天，心灵的负荷越来越重，让人无法承受。

其实，生命只是一程旅途，过去了，就再也回不来了。太多的繁杂只会让我们身心疲惫，那么，为何不及时卸下重负，轻松走一程呢！

我们之所以会心累，就是经常徘徊在坚持和放弃之间，只有勇于放弃，才能获得一种自在。

我们之所以会烦恼，就是没有学会遗忘。所有的一切都藏于你的内心深处，只有抹掉心中的不快，才能获得轻松！

我们之所以会痛苦，就是内心的欲望太多。只有淡泊名利，才能让生命快乐。

我们之所以不快乐，就是计较太多。很多时候，不是我们拥有的少，而是我们计较的太多。只要我们能敞开心扉，宽容待人，就会让心灵惬意起来！

岁月蹉跎，时光荏苒。再美好的东西也有失去的一天，再深的记忆也有淡忘的一天，再爱的人也有远走的一天，再美的梦也有醒的一天，所以，以淡然的心态看待一切吧，一切都不必强求，这样才能让我们体会到生命的真谛，品尝到每个日出日落的美好。

《淡然——人生何必太强求》一书是帮助现代都市人心灵获得宁静的暖心之作，它结合一些富有哲理的精彩小故事，融入作者个人的人生感悟，向读者传播宁静、博爱、平等、克制、知足等精神内涵，帮助在漫漫人生征途中迷惘的我们更加清醒，帮助在痛苦与烦恼中挣扎的我们能够解脱，也将帮我们抚平创伤、慰藉荒芜的心灵。让我们更深刻地领悟到生命的真谛，体味人生的快乐和幸福！

希望本书能让生活在忙碌中的你，得到一丝清凉，让你的生活不再充满忧虑，成为一个快乐、幸福的人！

目 录
CONTENTS

第1章　随性生活，顺其自然才自在

财富犹如草上霜 ………………………………………… 2

恬淡闲适，清静安逸 …………………………………… 4

最美妙的风景在心上 …………………………………… 6

"完美"是顶美丽的大帽子 …………………………… 8

明心方可见性 …………………………………………… 9

顺从内心，惬意无比 …………………………………… 11

悠悠人生路，心性伴苦乐 ……………………………… 12

莫让尘埃蒙蔽了心性 …………………………………… 15

做自己想做的事情 ……………………………………… 17

做心灵的主人 …………………………………………… 19

随心，随性，慎独则心安 ……………………………… 20

莫为"目标"苦煞头 …………………………………… 22

忧愁穿脑过，梦在心中留 ……………………………… 24

玫瑰，莲花都芬芳 ……………………………………… 25

没有完美的一片树叶 …………………………………… 27

第 2 章　境由心转，人生得失莫强求

境由心造，快乐源于内心 …………………………… 30
得失常在，开心就好 ………………………………… 31
心有多大，眼界就有多广 …………………………… 32
让他一"墙"又何防 ………………………………… 34
拥有慈悲，造福人生 ………………………………… 36
人生得失莫强求 ……………………………………… 37
心宽便是福 …………………………………………… 38
塞翁失马，焉知非福 ………………………………… 40
放下包袱，让心灵轻松前行 ………………………… 41
莫让名利锁住了心门 ………………………………… 43
示弱也是一种大智慧 ………………………………… 45
一生得失总归尘 ……………………………………… 46
美丽就在不经意间 …………………………………… 48
错过也是一种美丽 …………………………………… 49
鱼和熊掌不可兼得 …………………………………… 51
丢弃抱怨，忘却苦恼 ………………………………… 53

第 3 章　万事随缘，花开花落终有时

幸福就在身边 ………………………………………… 56
一切随缘莫强求 ……………………………………… 57

情缘难解 …………………………………… 58
淡泊名利，宁静致远 …………………… 60
缘来缘去也安然 ………………………… 61
恬淡闲适，静享生命 …………………… 63
像蘑菇一样成长 ………………………… 64
以坦然的心态迎接福祸 ………………… 66
我们的生活没那么糟 …………………… 67
行到水穷处，坐看云起时 ……………… 68
苛求环境，不如适应环境 ……………… 70
学会接受和"顺从" ……………………… 71
在缺憾中收获圆满 ……………………… 73

第4章 笑看风雨，一蓑烟雨任平生

笑看风雨，淡然人生 …………………… 76
用微笑迎接明天 ………………………… 77
常常感恩，时时惜福 …………………… 79
别让痛苦伴人生 ………………………… 81
让苦难散发出芬芳 ……………………… 83
让一寸阳光照亮人生 …………………… 84
生活就像剥洋葱 ………………………… 86
面对挫折，笑对人生 …………………… 87
成功路上勇于挑战挫折 ………………… 89
对折磨过你的人心存感激 ……………… 90

坦然面对厄运……………………………………… 92
让缺憾化腐朽为神奇……………………………… 94
无奈人生也精彩…………………………………… 95
无法改变环境可以改变自己……………………… 97
阳光依然灿烂……………………………………… 99

第5章 顺势而为，行看流水坐看云

简化日程表，给心灵放个假……………………… 102
生命在平淡中延续………………………………… 104
用乐观的心境面对环境…………………………… 105
爱是无法强求的…………………………………… 106
没有什么不可坦然………………………………… 108
坚持做自己………………………………………… 110
人生没有过不去的坎……………………………… 111
用好人生的减法…………………………………… 113
看淡名利，别被荣誉拖累了……………………… 114
切勿活在别人的眼光中…………………………… 115
别让"仇恨"的牢笼囚禁了自己………………… 117
以温柔优雅的态度生活…………………………… 119
再苦也要笑一笑…………………………………… 121
永远不要羡慕别人的生活………………………… 122
无人欣赏，也要为自我喝彩……………………… 124

心开路就开 …………………………………………… 126
懂得自我安慰 …………………………………………… 127

第6章 抛却忧虑，切莫庸人自扰之

随手拣起心中的"落叶" ………………………………… 130
千愁皆空梦枉然 ………………………………………… 131
一念嗔心，能开百万障门 ……………………………… 133
不为明天忧虑 …………………………………………… 134
别让"怀旧"扰乱心智 ………………………………… 136
用行动驱逐"心魔" …………………………………… 137
别让焦虑毁了你的生活 ………………………………… 139
快乐就在举手投足间 …………………………………… 141
不必为打翻的牛奶哭泣 ………………………………… 142
生命如花，常"修剪" ………………………………… 144
"惆怅东栏一株雪，人生看得几清明" ………………… 146
春日看柳绿，秋风见菊黄 ……………………………… 148
当下才是真 ……………………………………………… 149
莫让一丝烟雨迷失了整个季节 ………………………… 151
抓住生命赐予我们的最好礼物 ………………………… 153

第7章 祛除浮躁，打造淡定内心

铁牛不怕狮子吼 …………………………………… 156
用"心"咀嚼生活的原味 …………………………… 157
安于本分做人 ……………………………………… 159
在平淡中享受生活的真谛 ………………………… 160
给生命一个助跑的过程 …………………………… 162
清空你的杯子，方能再行注满 …………………… 163
擦亮心灵的窗户 …………………………………… 165
任凭风浪起，稳坐钓鱼台 ………………………… 166
莫为一时的虚荣毁了一辈子的快乐 ……………… 168
清空心灵的"回收站" …………………………… 169
君子之交淡如水 …………………………………… 171

第8章 放弃计较，宽容待人

宽容是和谐人生的调味品 ………………………… 174
包容是一种大智慧 ………………………………… 175
让婚姻散发幸福的味道 …………………………… 177
和谐一生的秘诀 …………………………………… 178
别用脚去踢石头 …………………………………… 179
难得糊涂 …………………………………………… 181

莫被流言绊住脚⋯⋯⋯⋯⋯⋯⋯⋯⋯⋯⋯⋯⋯ 182
莫与他人争输赢⋯⋯⋯⋯⋯⋯⋯⋯⋯⋯⋯⋯⋯ 184
微笑是最好的武器⋯⋯⋯⋯⋯⋯⋯⋯⋯⋯⋯⋯ 185
人生不必太较真儿⋯⋯⋯⋯⋯⋯⋯⋯⋯⋯⋯⋯ 187
理解是相互的⋯⋯⋯⋯⋯⋯⋯⋯⋯⋯⋯⋯⋯⋯ 189
嘲笑别人，就是在嘲笑自己⋯⋯⋯⋯⋯⋯⋯⋯ 190
凡事不求完美，但求自在⋯⋯⋯⋯⋯⋯⋯⋯⋯ 192
别让自己做怨妇⋯⋯⋯⋯⋯⋯⋯⋯⋯⋯⋯⋯⋯ 193
批评不能解决根本问题⋯⋯⋯⋯⋯⋯⋯⋯⋯⋯ 195

第9章 远离痛苦，心无旁骛即是净土

坐在阳光下，给心灵洗个澡⋯⋯⋯⋯⋯⋯⋯⋯ 198
痛苦源于内心的贪念⋯⋯⋯⋯⋯⋯⋯⋯⋯⋯⋯ 200
人生百年来去赤条条⋯⋯⋯⋯⋯⋯⋯⋯⋯⋯⋯ 201
痛苦在于追求错误的东西⋯⋯⋯⋯⋯⋯⋯⋯⋯ 202
知足常乐⋯⋯⋯⋯⋯⋯⋯⋯⋯⋯⋯⋯⋯⋯⋯⋯ 204
抓得越紧，失去就越多⋯⋯⋯⋯⋯⋯⋯⋯⋯⋯ 205
善待此生，改变活法⋯⋯⋯⋯⋯⋯⋯⋯⋯⋯⋯ 207
享受孤独之美⋯⋯⋯⋯⋯⋯⋯⋯⋯⋯⋯⋯⋯⋯ 209

第 10 章　摆脱纠结，简单才快乐

患得患失只会羁绊你前进的步伐…………………… 212
该出手时就出手……………………………………… 213
简单才能快乐………………………………………… 214
丢了什么，别丢了梦想……………………………… 217
闲看庭前花开花落…………………………………… 219
不应只为那张"脸"而活 …………………………… 220
别让碌碌无为的心态毁了自己……………………… 222
用行动来告别纠结和犹豫…………………………… 224
用自己的双手采摘幸福的果实……………………… 226

第1章 随性生活，顺其自然才自在

人生在世，快乐才是最重要的。只有拥有淡然的心态，人们才容易获得快乐。追求本身没错，但我们应该按照内心的想法去过自己想过的生活，才能体味到过程带给我们的快乐。凡事不必苛求，来了就来了，一切随心，做不了第一，就做快乐的第二；做不了经理，就做快乐的下属；做不了青松，就做快乐的小草；做不了牡丹，就做一朵向阳花吧，每天面对着太阳，谁说这不是一种美丽呢？

财富犹如草上霜

弘一法师在早年，曾经写下这样的诗句："人生犹似西山日，富贵终如草上霜。"就是说，人生就好比西山的落日般短暂，再怎么美好也终有结束的那一天；家财万贯，也终抵不过秋草上的霜。日出即消，风吹即落，终是不能够长久的。其实是告诉我们生命短暂，富贵皆枉然，我们不要把有限的生命枉费在去追求荣华富贵，这样只会让自己失去快乐和幸福，无法体味到生命的真滋味。

我们每个人都有这样的体验：在小时候，我们经常会因为一团廉价的棉花糖而兴奋不已，而如今我们得到一大包的金丝猴奶糖后，心中也未曾会感到过快乐；小时候，我们因为在小河中无意间看到一条小鱼而感到幸福和满足，而如今我们到大型的海洋馆中观赏海豚表演也感受不到丝毫的快乐……而这都是因为我们内心的欲望在作祟。其实，很多时候，幸福只是内心的一种感受，如果我们能够远离欲望，尽力做到无欲无求，顺其自然，把握自己所拥有的，幸福和快乐自然会来临。

有一位很有生意头脑的商人，他坐船到了海边的一个渔村，他在码头看到了一个渔夫从海中划着一艘小船靠岸。船上有很多条大鱼，于是不禁对渔夫的捕鱼技术感到由衷的佩服。就向他提议道："您每天毫不费力就能捕到如此多的鱼，为什么每天只花一小会儿时间去捕鱼，这样你就无法捕到更多的鱼了。"渔夫说："这些鱼已经完全够我一家人的生活了，我为什么要捕那么多呢？"

商人又说道："你每天除了捕鱼外，剩下的时间都用来干吗呢？"

渔夫说道："我每天要做的事情有很多啊，我每天可以睡到自然醒，然后再出海捕几条鱼，回去和孩子们玩一玩，到中午酒足饭饱之后再睡个午觉。黄昏的时候，再找几个老朋友喝点酒，再弹会儿吉他，这日子过得很是惬意和满足。"

商人听罢摇了摇头，并且帮忙出主意："我是一所著名大学的经济学博士，我给你出个主意，完全让你可以挣大钱。你现在应该每天多花一点时间去捕鱼，然后再攒钱买一条大船。到时候，你完全可以捕到更多的鱼，再买渔船，到时候你就可以拥有一支渔船队。你直接把鱼卖给工厂，这样又可以挣更多的钱。然后你还可以开一家罐头厂，这样你就可以离开渔村，到城市里去做有钱人。"

渔夫问："我要达到这些目标需要花多少年的时间呢？"

商人说："大概15年到20年的时间吧！"

然后呢？

商人说："然后？然后你就会更加有钱，你足足可以挣到几个亿呢！"

再然后呢？

商人说："那你就可以退休了，你可以搬到海边的小渔村去住，享受清新的空气，每天睡到自然醒，然后出海捕几条鱼，回去和孩子们玩一玩，再睡个午觉。黄昏的时候到村子里找几个朋友喝点酒，再弹会儿吉他。"

渔夫听完，非常不解，他说："你说的这个生活目标，我现在就完全实现了呀！为何还要花那么多时间去不断地折腾自己呢？"商人最终无话可说。

终点最终又回到了起点，听起来有些可笑滑稽，然而，这也向我们阐述了一个道理，那就是人应该学会顺其自然，活得简单一些，这样可以使幸福持续得更为久长。你可以仔细地想一下：其实人生的最终追求不外乎如此，如果你感到此刻的自己是幸福的，又何必还

淡然——人生何必太强求

去苦苦追寻那些徒劳呢？

其实，幸福的生活并不像前面商人所说的那样，要拥有多么丰富的物质，而只是要有一种无欲无求，健康平和，顺其自然的心态。明朝开国皇帝朱元璋在晚年，虽然锦衣玉食，享受人间富贵，却远没有少年时期每餐吃一种食物来得更为幸福。为此，我们在生活中应该懂得知足，少一些欲望，顺其自然，尽情地享受当下的生活，无论在任何时候都完全可以享受到幸福和快乐。

恬淡闲适，清静安逸

弘一法师说："恬淡是养心第一法。"这里的恬淡即是恬静淡泊。弘一法师认为，这是养心的第一法则。养心最为重要的即为能使心处在一个极为平静的状态之中，波澜不惊。心里想怎么样，行动就去怎么样，就像小草自然地发芽、生长一样；就像小鸟在天空中自由地飞翔一样，不用受尘世的任何束缚和约束。不必为了得到别人的赞美而去难为自己，不必为了满足内心的物欲而给自己的心灵套上枷锁，不必为了显示自己的威严而在孩子面前故作严肃、深沉……也就是告诉人们根据自己内心的想法去支配自己行为的一种生活方式。当一个人处于恬静淡泊的状态的时候，那么，他的内心就一定是宁静的、惬意的、自在的。

一天，小和尚看到寺院的后院中有一片草地很是枯黄。于是就对寺院方丈说道："这寺院荒废，我们可以撒些草籽上去，这草地太过难看了。"

"不用着急，等你什么时候闲下来了，可以种上去一些，草籽什么时候都能撒。"方丈说道。

冬天过去后，方丈就送给小和尚一些草籽，并对小和尚说道："去吧，把草籽撒在地上面。"小和尚愉快地答应了。

一天，寺院中起风了，地上的草籽被风吹得满地都是，小和尚很是着急："怎么办呢，许多草籽都被风吹走了！"

方丈说："完全没关系，吹走的多半是空的，撒下了也发不了芽，你担心什么呢？随性！"

就在这时候，一群小鸟飞来了，又把刚刚撒在地上的草籽吃了，小和尚惊慌地跟方丈说道："不好了，草籽都被小鸟吃了！"

方丈不慌不忙地说道："没关系，草籽多，小鸟是吃不完的，你就放心吧，过不了多久，这里一定会长出小草！"

小和尚对方丈的态度很不乐意，晚上睡在床上想，这些草能不能活下去呢？这时，又听到外面响起了雷声，一会儿就又下起了大雨，他的内心更为着急了，暗暗担心自己种了满地的草籽到最后什么也没有了。

第二天早上，小和尚赶紧跑到院中一看，果然看到地上很多草籽都被大雨冲走了，就赶忙冲进方丈的行房中说道："方丈，昨晚下了一场大雨把地上所有的草籽都冲走了，怎么办啊？"

方丈又一次不慌不忙地说："完全不用着急，草籽被冲到哪里就在哪里发芽。随缘吧！"

不久之后，许多青翠的草苗果然破土而出，原来没有撒到的一些角落里居然也长出了许多青翠的小草。

小和尚高兴地对方丈说道："太好了，我种的草长出来了！"

方丈点点头说："随喜！"

随心、随性、随意，是对恬淡的最好的诠释，如果我们能够随心、随性和随意地活着，就一定能获得惬意的人生。就像上述事例中，小草有小草的生命规则，只要有水有泥的地方就能够发芽，只要你撒下了草籽就不必担心小草不能够发芽，我们的生活也一定要随性而为，保持恬淡的心态，不可过于担心，刻意强求，否则，只会影响到你的生活与工作。

淡然——人生何必太强求

要知道，生活中的任何事物都有其独有的规律，与其百般思量，让身心波动，不如随性而为，恬淡对待，这样才更容易让我们感受到生活的乐趣与意义。

下岗了，无须烦恼，可以再找一条出路，说不定是你结束打工生涯开始自己创业的时候；有病了，不必伤心，乐观对待，自然就好了；没有钱是吧，那你有双手吧，有大脑吧，有这两样东西，你还害怕什么？心痛只会让你更忧愁，伤心只会让你更加劳累，害怕只会让你的生活更糟糕。

恬淡是一种对生活坦然的态度，是一种乐观生活情绪，也是修心和养心的第一法则。在物欲繁杂的现代社会之中，它更为重要体现的是一种心境，一种精神，一种对生活的态度，一种至高无上的生存追求。生活中，随时保持恬淡的心态，才能使我们放宽心思，才能欣赏到生命真正精彩的部分，才能活出真正的色彩。

弘一法师所说的恬淡，归根结底就是要求人们去静心，"树欲静而风不止"的原因不是因为风太大，而是因为心不静。只有心静，才能彻底摆脱世俗的困扰，才能活出真滋味。上天既然给了我们生命，我们就应该活出它的价值来，而保持一颗恬淡的心，就是顺着自己的心意去探寻生命的轨迹，不必去计较一时的得与失，不必去在意那些身外之物，这样才能够让自己切实地活出真正的自我，才能体现出自我的真正价值来。

最美妙的风景在心上

弘一法师在没有出家之前，经历了人生的绚烂之后，领悟了人生的智慧和真谛：生活的内涵永远在行走的过程中。其实，弘一法师强调的是一种恬淡闲适的生活态度，要仔细地聆听和体会生命的每一个过程，而不是单纯地为了达到某些"目标"而活着。

释迦牟尼在没有成佛前,也有同样的体会:

释迦牟尼在没有成佛前,每天都要长途跋涉去向众人传教。在行走的过程中,总是无视路边的艰难困苦,只是费力地向前赶路。长途漫漫,释迦牟尼最终还是累得精疲力竭。眼看就要到达目的地了,便深深地松了一口气,就在他心情惬意的同时,他也感觉到自己鞋中的那颗小石子,把脚磨得疼痛不堪。

其实,他很早就感受到这颗小石子在磨脚了,但是他为了磨炼自身的意志,为了修行,始终都忍受磨脚的痛苦。

直到最终达到目的地的时候,他才停下急切的脚步。心中想着:既然目的地已经快到达了,不如停下来坐在山路旁边的石头上将鞋中的石子倒出来再向前行进吧,也可以让自己顺便放松一下。

然而,就在释迦牟尼低头弯腰脱鞋的过程中,他的眼睛便不自觉地看到了路边的湖光山色,他竟然发现路途的风景是如此的美丽。当下,他猛然醒悟:自己这一路走过来,太过匆忙,心中总是想着自己如何到达目的地,根本没有发现周围怡人的美景。

最终,释迦牟尼把鞋子脱下,将那颗小石子拿在手中,不禁感叹道:"小石子啊,真是想不到,这一路走来,你不断地刺痛我的脚掌心,原来你也是在提醒我,慢点儿走,一定要关注生命中一切美好的事物啊!"

最美的风景永远在路上,生命最精彩的部分永远在于过程之中,为此,我们要适时地将自己忙碌的身心停留下来,去认真体会和观赏生命中最美妙的风景和最精彩的部分,这是获得惬意人生的重要方法。就像《士兵突击》中的许三多一样,并没有多么远大的目标,他每天只是在努力地专注于手头上的事情,却从中获得了无穷的快乐,最终进入了老 A 的部队,有时总是强求自己拿第一,最终却不尽如人意。我们要知道,生活不是一场马拉松比赛,不一定非要去争第一,一切顺其自然,每天只要活得轻松和快乐一些,只要做好当下

淡然——人生何必太强求

的事情，就一定能够过得精彩。

活着的乐趣，不在于不断忙碌地奔跑，而在于乐于享受闲暇时刻的一杯清茶，我们可以在激动的时候弄一碗浓烈的酒水，在于感受多彩多姿的过程。比如，每天清晨醒来后吸一下新鲜的空气，给自己泡一杯清茶，听一段旋律优美的歌曲，或者给爱人一个甜蜜的吻，陪着父母聊一些家常事，或者一家人步行出去郊游，都能够让心灵获得极大的放松，都能够体会和感受到更多的精彩和快乐。

"完美"是顶美丽的大帽子

弘一法师在修行的过程中，深谙"凡事不苛求，来了就来了"的道理，于是，他做任何事都顺其自然，从不过分苛求自己，也不过分苛求别人，每天都平静至极，心灵也惬意无比，取得了许多人都不能及的成就。

生活中，很多人都认为那些过于认真的人，过于苛求才是最为可爱的，他们能够把自己的工作做得极为出色，却也让自己异常忙碌内心憔悴无比。

《茶之书》是日本冈仓天心的名作，在书中有这样一个故事：

茶师千利休看着儿子少庵在认真地打扫庭园。一会儿，儿子就完成工作了，而茶师却说道："你打扫得太不认真了，根本不够干净。"你必须要再重做一次。于是，少庵又花费了一上午的时间去打扫。

然后他说道："父亲，我现在已经没事可做了。石阶已经清洗了三次了，石灯笼也擦拭了很多遍。树木也全部浇了一遍，就连苔藓上也一尘不染地闪耀着翠绿。完全没有一枝一叶留在这上面。"

茶师却斥责道："傻瓜，这根本不是打扫庭园的方法。这是洁癖，你懂吗？"说着，他就快速地步入园中，使劲地摇晃一棵树，抖落了一地金色和红色的树叶。最终，茶师说道，打扫庭园不只是要求要清洁，也要求美和自然，凡事太苛求，不仅是在给自己增加负担，也让事情本身失去了原有的美。

千利休看似在训诫儿子少庵做事太死板、生硬，实则是在斥责他太过苛求。苛求绝对完美的心态与做法，不仅违背了自然，也往往使我们离完美太过遥远。

做任何一件事情，保持一种随心的态度是极为重要的，勤劳、对自我要求高原本是一种美德，但是一旦自己的要求过高，到了十全十美的程度，那就成为了苛求，既不能得到修身养性的益处，心情也会极不愉快。

无论是工作、待人接物，我们固然都要尽己所能，但是，却不能够太过苛求。一个人对工作上心，勤力于工作是值得赞扬的美德，但是如果因为工作而忽略了自身的家庭与健康，那么，长久下来，人生必定会出现各种偏差。当一个人为了追逐幸福不顾一切，最终只会离幸福越来越远。

明心方可见性

弘一法师经常引用禅学中的一句话来约束自己："一切众生，从无始劫来，迷己逐物，失于本心，为物所转。"意思是说，芸芸众生，从无限长远的时间中来，因为迷失了本心本性，所以只能被外在的事物劳累地牵着鼻子走。他们一味地追求金钱、物质和名誉，在滚滚红尘之中，最终也会越发地迷失自己。要知道，心灵是生命的本态，我们的本心本性就是我们本身受用不尽的财富，听从内心的声音，做于心的事情，才能让生命获得永恒的意义。

有一位漂亮姑娘与一个穷小子结了婚，两人结婚之后生活虽然

淡然——人生何必太强求

不富裕，但是却非常幸福。有一天，这位姑娘认识了一个非常富有的年轻人，这位年轻人的甜言蜜语打动了她的心。后来，这位十分富有的年轻人对她说道："我们这样每天都担惊受怕被别人发现，不如我们离开这里，到新的地方开始我们的幸福生活。"

姑娘听了对方的话觉得很有道理，她早已受够了这样的生活，就趁自己的丈夫外出之时，将家里所有最值钱的东西拿走了，并到港口与那位富有的年轻人会合。这位富有的年轻人对她说道："我不想让你跟着我受苦，你先把东西给我，等我到了一个地方安顿好之后，再回来接你！"

姑娘就听信了对方的话，将身上所有的财物都给了年轻人，自己只是傻傻地待在原地等待。没想到，一天、两天，一个月过去了，年轻人就这样一去不回了。这位姑娘在外面又饿又冷，但是又不敢回去。有一天，她在街上看到一只大狗衔着一只鸟从她面前跑过去，那只鸟还在奋力挣扎。谁知那只狗跑到水边，看到水中有一条鱼，就将口中的鸟放下，立即去河中去咬鱼；结果鱼游走了，鸟也飞了。

姑娘看了，忍不住笑说："你这只狗真傻，已有一只这么好的鸟，居然放弃而去咬鱼，结果鸟和鱼都得不到，真是傻啊！"那只大狗突然回头对她说："我的傻，只不过让我挨一顿饿；而你的傻，却误了你一生！"

此时，这愚痴的姑娘才如梦初醒，懊悔地自语道："我居然为了那种人放弃原本爱我的人，毁了我一生的幸福，这莫不都是自己的贪欲之心害的吗？"

生活中，我们经常也容易像上述故事中那位漂亮的姑娘一样被外界的各种诱惑或者贪念而失去了本心，让自己错失了真正的幸福与快乐，最终只会给自己招来无尽的烦恼与折磨。为此，我们要活出生命的真色彩、真意义，一定要时刻警醒，从更高的层次去审视与认识自己。因为只有自身的意念清纯，心中才能更为清明，更能活出生命的真色彩。只要你随时能够解开各种不必要的执著与情感的系缚，才能够发现心灵深处的真我,最终才能让生命获得永恒的意义。

最后我们要牢记一句话:不管人生际遇如何,我们都要随时听从内心的声音,都要时刻保持一致的态度,保持快乐的心境,那比千万家财要有福气得多。你可以拥有很多东西,但却不可以放弃最为宝贵的,懂得取舍,懂得珍惜,才是真正懂得生命的人!

顺从内心,惬意无比

芸芸众生,每个人都有本心本性,那是"自家宝藏",也就是说,本心本性是我们终生受用不尽的财富,只有顺其自然,遵从内心,按内心的意愿去行事,才能活出惬意真实的人生。

然而,在现实中,我们每个人都会不断地追逐外在的事物,忽视了内心的真实意念,才会因为迷失了本性,感到烦恼不断,痛苦不堪!试想,一个人如果醉心于功利,贪得无厌,必然会斤斤计较,患得患失,钩心斗角,费尽心思,也很容易被"名缰利锁"所束缚住,何谈生命的本源?要活出真实的自己,我们一定要成为自身的主人,学会自我解脱,仔细聆听内心的声音,并遵从内心去生活。

有一天,一个相貌不凡的青年人去见有禅宗之称的慧能大师,慧能一看他就知道他是有缘人。于是便问道:"你从哪儿来呢?"

这位青年很恭敬地说道:"从不远的地方来!"

慧能心想:"如此小的年纪就有如此的心性,真是难得!"于是就接着问他:"你的生命在哪里?"

年轻人回答道:"生命为何物?我早已经不记得了!"

慧能十分欣喜,便召唤少年进来,说道:"你来拜见我是为何事?"

青年说:"世间处处都是垃圾,无我的容身之地,请您收我为徒!"慧能为了考验他出家的决心,便笑着说道:"千万不要出家!"

淡然——人生何必太强求

青年人坚定地说："我一定要出家！"

而这位青年便是著名的南阳慧忠禅师。慧忠禅师在河南的深山中苦修了40年，与世间隔绝，在没有任何烦恼与欲念的情况下，终于修道成功。

有个僧人曾经问他："人生如此痛苦，如何才能更为惬意呢？"

南阳慧忠禅师笑笑道："放下烦恼，忘记痛苦，遵从内心的意念。抛弃杂念，可以让你看到清明世界。无欲无求，按内心的想法去活，才能更深地体会到快乐和惬意。"

人的本心承载了生命真实的意义，寄予了人生太多的快乐与幸福，如果能够把握，一定会远离痛苦，远离烦恼。但是失去快乐与幸福也仅仅在弹指一瞬间。人的贪欲心理会让我们在不知不觉间迷失自己，在无法唤醒心底那份纯真和善良的同时越陷越深，当我们面对这种情况的时候，最好的办法就是放下心中各种杂念。

其实，芸芸众生，我们每个人都是本性的，只是人们在后来的成长过程中本性的东西被贪、嗔、痴、慢等所蒙蔽了。贪就是贪婪，嗔是愤怒，痴是痴迷，慢即为傲慢，这些每个人身上都有，如果把这些东西放下了，内心本性的东西就会显现出来，生命本身也会变得极为纯净，心灵也会变得极为纯善，那么，所有的痛苦和烦恼就没有了。

悠悠人生路，心性伴苦乐

弘一法师在修行的过程中，非常推崇这样一句话："一人的内心只要进化了，其生命也就净化了。"这也就意味着，人的内心才是生命的本态，一个人能够保持快乐的心境，要比拥有家财万贯要有福气得多。然而，在生活中，尤其在当下，人的内心充满了无尽贪念，让人在不知不觉中迷失了自己，一心去追求外在的物质，而忽视了内心的真实的感受，直到生命终结时，才后悔莫及。

曾有这样一个传说：

从前，有位家财万贯的人，一生共娶了四位夫人。然而，他最宠爱的是他的四夫人，因为她长得年轻漂亮，终日与她恩恩爱爱，从来不离不弃；其次，他疼爱的是三夫人，因为三夫人本身也很有魅力，再次，他还十分疼爱二夫人，因为当初在贫困的时候，二夫人曾经与他共患难过，但是富贵之后就将她慢慢地淡忘了。而最受冷落的还是他的元配夫人，他对这位夫人从来没有重视过，因为她既长得不漂亮也缺乏魅力，只让她每天做家务，像对待仆人那样要求她干粗活。

后来，这位富人患了不治之症，临终时，他就将四位夫人叫到身边试探说道："我活不了多久，很是孤单，现在我想让你们中的其中一位陪我上路。"说着，他看了看四夫人，说道："四夫人，我平生最为疼爱你，时刻也不想离开你，现在我已经活不了多久了。我现在死了以后，很是孤单，我虽然有很多妻子，但是我只想带你离开。你愿意陪我一起走吗？"

这位妻子听后大惊失色，惊叫道："不行，不行，你年纪大了，要死是当然的，可是我还很年轻，你死之后，我还得好好地生活下去呢！"

富人听后，伤心地叹了一口气。然后就将三夫人叫过来，仍旧依照和四夫人说过的话向她提出要求。三夫人一听，吓得身体直哆嗦，连忙说："我现在这么年轻，可不想这么早就随你去，我还想嫁人幸福地过完下半生呢！"

富人听了又深深地叹了一口气，摆摆手，命三夫人赶紧退去。然后将二夫人叫过来，希望二夫人能够陪他一起死去。

二夫人听罢，连忙摆手道："不可，我怎么能够陪你去死呢？四夫人与三夫人平时什么事情都不肯做，而我必须管理家中的事务，

淡然——人生何必太强求

所以更不能够陪你死去。不过，你死之后，我一定会把你的葬礼办得风风光光的。"

富人听到此，难过得掉下了眼泪，没想到，自己一生最宠爱的几位夫人，对自己却是这样。最后，他又将平常最不关心的大夫人叫到跟前，对她说道："我生前一直冷落你，真是太对不起你了。现在我要一个人死去了，在黄泉路上真是太孤单了，你肯陪我一起过去吗？"

大夫人听此，并没有显出丝毫的慌张，答道："嫁夫随夫，现在你要去世了，做妻子的如何能够活得下去呢，不如与你一同死去的好！"

"你真的情愿随我一起去死？"富人十分地惊讶，也十分意外。并由衷地感叹道："哎，早知道你对我如此忠心，我平时根本不会冷落你。我平日里对四夫人、三夫人爱护得比自己的命还重要，对二夫人也不薄，但是到今天，他们却忘恩负义，当我死的时候，还如此地狠心把我一个人丢下。想不到我平时不重视你，你反倒愿意随我一同死去。"富人说完，就同大夫人一起去了。

这只是传说中的故事，故事中的四夫人，就如同我们外在的身体。在生活中，我们都喜欢将自己的外表打扮得光鲜亮丽，都喜欢追求名利，到死的时候才知道外表的光鲜终究只是一场空。要改嫁的三夫人就好比你一生为之追求的财富，生前拥有再多的财富，到最终也带不走，终究是要留给活人看的。二夫人就是我们在穷困时才想起的亲戚和朋友，他们因为还有太多的尘世未了，在你临终的时候，只会去送你一程。在平时被多数人所忽略的大夫人，实则就是指我们的内心，到生命的尽头也只有她才愿意跟着我们走进坟墓。由此可知，自己的内心才是生命的本态，生命正因为有了它的陪伴，才能体味到酸甜苦辣，才能丰富异常，它才是我们生命中最值得珍视的东西。

然而，在生活中，很多凡夫俗子总是一味地为一些身外之物，比如名利、财富等一些身外之物而奔波忙碌，全然忽略了内心的真正欲求。等到人之将死的时候才发现一切都是一场空，只有自己的内心才是最忠实于自己的生命，只有内心的感受才是我们最应该在乎和把握的。

莫让尘埃蒙蔽了心性

看到刚刚出生的小孩，纯净无比，透明、可爱，让人忍不住心生爱怜之情。然而，随着时间的增长，小孩变得越来越不可爱了，是什么改变了我们？

其实，生活之中，财、色、利、贪、懒就时刻潜伏在我们的周围，像细微的尘土一样无孔不入，那些尘埃，颗粒极小，极轻。起初，我们完全感觉不到它们的存在，比如贪婪、自私、懒惰、忌妒、怨恨、欺骗等，这些像细微的尘灰一样，悄无声息地落在我们心灵上。多数人无法注意也无法及时地清扫，结果就越积越厚，直到有一天完全占满了我们的内心，心智被蒙蔽了，善良也被遮蔽了，纯真亦不复见。

有一位著名的作家，每天都觉得日子过得异常烦恼和痛苦，总静不下来心去创作出更好的作品。于是，他就向智者求教。

作家问道："我很困惑，为什么自己在成功之后感受不到丝毫的快乐，越来越觉得痛苦和疲惫呢？"

智者问道："你每天都在忙些什么呢？"

作家答道："我每天从早到晚都在忙着开新书发布会，忙着应酬，并且到处做演讲，还接受各种媒体的采访……这些事情使我心情烦躁，写作已经完全成为我生活中的一种沉重的负担，觉得自己太过辛苦了，心也劳累不止！"

淡然——人生何必太强求

智者就转身打开身后的衣柜，对作家说道："在这一生之中，我收藏了许多漂亮的衣物，你试着将它们穿在身上，你就会明白了！"

作家疑惑地说道："我身上穿着合身的衣服，为何要穿这些不合适的呀！如果我能够将这些衣物都穿在身上，一定会沉重异常，会难受十足的。"

智者回答："你也明白其中的道理，但是为何要来问我呢？"

作家感到莫名其妙，随口就又问道："您所说的话，我有点不大明白，您能说得更为明确一些吗？"

智者接过话来说道："你身上的衣服已经很合身，倘若让你穿上这些不合身的衣服，你就会感到沉重无比。你只是一个作家，为何要去做一个演讲家和交际家，这不是自讨苦吃吗？"

作家顿悟道："原来每个人只有做自己应该做的事情，不为尘世的欲望所缠绕，才能获得轻松和快乐啊！"

从此之后，作家就毅然辞去了不必要的职务，推掉了不必要的应酬，潜心开始写作，最终达到了人生创作的高峰，并且再也没有感到丝毫的疲惫和烦躁，生活也变得轻松和快乐了许多。

由此可见，身外之物强求不得！身外之事强做不得！否则你将是自己找罪受，自己找苦吃，怨不得别人！

生活中，每个人都有自己的追求和欲望，从辩证的角度看，有欲望、有追求并非完全是件坏事，因为欲望和追求可以激发人的潜能，能够推动我们不停地向前行。但是，欲望亦可以毁人，我们一定要掌握好理智与欲望之间的平衡关系，而不要让欲望成为我们内心的负担，不要让我们的内心沾染上过多的尘埃。要知道，在很多时候你所追求的东西并不一定是自己真正能够得到的东西，也并不一定是自己心灵深处所真正需要的东西，如果自己盲目去追求，必然会被其所累。

要明白，落叶之轻，尘埃之微，刚落下来的时候不觉得，但是积存得久了，积得多了，清理起来就很困难。在生命的过程中，也许我们无法避过飘浮着的微尘，但是千万不要忘记去拂拭，只有这样，我们的心灵才会如生命之初那么清洁、明净和透明，才能保持生命的常态，才能获得无比的快乐。

做自己想做的事情

很多人之所以活得痛苦，是因为太过在意他人的看法，而失去了自我。当他人对他投以羡慕的眼光时，他便因此感到自己是幸福的而倍加满足。当他把"别人的目光"作为终极目标时，就会陷入物欲设下的圈套，如同童话里的红舞鞋，漂亮、妖艳而充满诱惑，一旦穿上，便再也无法脱下。他们疯狂地在掌声中旋转着迷人的舞步，尽管内心充满了疲惫的厌倦，但是脸上却依然挂着幸福的微笑。当在众人的喝彩声中终于以一个优美的姿势为人生画上句号时，才发现一路的风光与掌声，带来的却是沉重的厌倦和空虚。

日本一位极为年轻的临终关怀主治医师大津秀一，在多年的行医经验上，亲耳闻听并且目睹过上万例患者的临终遗嘱，他说："大多数人一生最遗憾的事情，就是'没有做自己'，比如，没能做自己想做的事情，没有去想去的地方旅行，没有过自己想过的生活，等等。"

其实，真实而精彩的人生，是不会给自己留下遗憾的，他们不会因为任何人的任何话，而改变"自我意愿"和"自我初衷"。

索菲娅·罗兰是意大利著名的影星，她一生共拍过60多部影片，演技可谓炉火纯青，但是，观众对她的评价却是褒贬不一的。

索菲娅·罗兰在很小的时候就怀着演员梦，只身来到了罗马。一开始，她的从影之路很不顺利。因为她个子太高，臀部太宽，鼻子太长，嘴太大，下巴太小，根本不像一般的电影演员，更不像一个意

淡然——人生何必太强求

大利式的演员。虽然制片商卡洛看中了她,带她去试了许多次镜头,但是摄影师们都抱怨无法把她拍得美艳动人。

于是索菲娅·罗兰被告知如果真想干这一行,就得把鼻子和臀部"动一动"。然而,自有主见的索菲娅·罗兰断然拒绝了这样的要求。她说:"我为什么非要长得和别人一样呢?我知道,鼻子是脸庞的中心,它赋予脸庞以性格,我就喜欢我的鼻子和脸保持它的原状。至于我的臀部,那是我的一部分,我只想保持我现在的样子。"她坚信,要想登上演艺高峰,绝不是靠外貌,而是要凭借自己内在的气质和精湛的演技。

索菲娅·罗兰没有因为别人质疑的目光而停下自己奋斗的脚步。最终她成功了,那些有关她"鼻子长,嘴巴大,臀部宽"等的议论都不攻自破,这些特征反倒成了美女的标准。索菲娅·罗兰在20世纪末,被评为这个世纪的"最美丽的女性"之一。

索菲娅·罗兰在她的自传《生活与爱情》中这样写道:"自从我从影开始,我就出于自然的本能,知道自己该化什么样的妆,搭什么样的发型和衣服,我谁也不去模仿,从不像奴隶似的跟着时尚走。"

做回自己,做自己想做的事情,才能让自己活得更惬意、更快乐。如果一个人单单为了取悦他人而一味地满足他人的价值观,那只会离真实的自己越来越远,永远过不上自己想过的生活,只有全面而真实地活出自我,才不会盲目和迷失,才不会被他人的目光淹没。

好好呵护那个真实的自己吧!永远不要因为他人的一句赞美或者标准而否定自己的样子,对自己做出改变。大千世界,每个人的喜好都不尽相同,将自己置于他人的标准和目光中,对于短暂的人生而言,确实是一件极为痛苦的事情。

做心灵的主人

一个人心灵的自主权是不能够受到任何人的影响和支配的，一旦你要别人顺从你的价值或信念，或者顺从别人的观念，你便削弱了这些价值与信念在你生活中的力量。为此，生活中，我们一定要去努力掌控自己的心灵，认清自己，明白自己是谁，自己内心需要的是什么，切勿盲目地跟随潮流走，也无须顾及别人的流言飞语，这样才能活出真正的自己，感受到生命的真色彩。要做自己的主人，尽量依靠自己的力量来帮助自己，而无须掺杂别人的任何的意念或者要求，做于心的事情，随时随地跟随自己的内心，那么，你就会感到无比的惬意和快乐。

佛陀在传教的过程中，曾经经过一个没落的村庄，村庄中突然跑过来一群小恶棍，他们说话很不客气，甚至还口出秽言。

如果是旁人听了，一定要发怒，然后也恶棍般叫骂起来。而佛陀则只是呆呆地站在那里并且仔细地、静静地聆听着，然后就对他们说道："非常感谢你们过来找我，我正在赶路，下一村的人可能还在等我，我现在必须要赶过去。等明天回来的时候，我会有非常充足的时间，到时候，你们有何话说，再一起过来找我，可以吗？"

那群恶棍简直不敢相信，还有人这样跟他们心平气和地说话，于是，其中一个人就问道："你是怎么回事，难道你没有听到我们刚才所说的话吗？我们骂你骂得那么难听，为什么没有任何反应呢？"

佛陀心平气和地对他们说道："你想让我有所反应的话，你们的话说得有点晚了。如果你在十年前这样说我，我可能会有所反应。然而，今天，我的内心是不会受任何人的控制的，我的心灵已经不再是别人的奴隶了，我是我自己的主人。我是在依据自己的真实的内心在做事，而不会随便跟随别人去做出什么反应。"

心灵是我们所有行为与意念的根源，你的悲伤、愤怒和仇恨以及所有的念头只会给自己和别人带来痛苦；相反地，一颗慈善的心所发出的言语、行为、意念皆会给自己带来福和乐。在面对别人的谩骂的时候，佛陀丝毫不为外界的因素所困扰，按其内心的宁静去处世。所以，他的世界必然是一片安宁的。

为此，每个人在面对尘世的纷扰的时候，都有责任对自己说道："这对我是真实的，因为它对我有用。"这种自我暗示是相当的重要的，因为没有一个人的生活与我是完全相同的，我的内心是异常平静的，我的思想是极其独特的，而且我应该接受它。当然，在这里我们主要是想告诉大家，要活出真正的我，并学会看到真正的别人。保持一颗平常心，是要从不平等中学习，让我们慢慢地接受这个过程，并通过它一起成长！

心是幸福与快乐的根。幸福和快乐是一种心境，当思想快乐，那么你就是一个快乐的人；当思想不快乐，那么你就永远也快乐不起来。你自己不幸福不快乐，却又常把它拿出来示人，令爱你的人们也和你一样痛苦。巴尔扎克也说："忌妒者所受的痛苦比任何人遭受的痛苦都大，他自己的不幸和别人的幸福都使他痛苦万分。"所以，在我们的生活中，还是要让自己多一些赞许，少一些指责；多一些宽容，少一些刻薄；多一些帮扶，少一些刁难……

随心，随性，慎独则心安

随心、随性生活固然会获得无比的快乐，然而，随心、随性并不是让你随意地释放内心的邪恶，在无穷的欲望的牵制下去做不道德的事，行损害他人利益的事。而是要通过修身、修心来不断地约束自己，做于心的事情，不苛求自己，健康、快乐地活着，这是随心、随性的本质含义，它是指人的一种生活态度，不管在任何时候都能够约束自己的道德，随心、随意地做事，这就要求自己一定要做到慎独。其实，"慎独"就是指在没有人监督的情况下，依然能够坚守自己的修养，这是一种极为严格的自律的精神，能够做到慎独的人，就可以认定自己的心性已经达到十分高的境界。

这告诉我们，修炼是一个真实的领悟的过程，不是让我们做表面功夫，专门做给别人看，也才能真正地领悟到快乐，体会到幸福的滋味。

杨震是东汉时期的太尉，为官极为清廉，从来不为己谋私，贪财，是中国历史上的楷模。

有一次，杨震从荆州刺史调任东莱太守，在赴任的道路上，经过昌邑，遇到了他在荆州刺史任上曾经举荐过的官员王密，当时的王密任昌邑县的县令。王密为了报答杨震的知遇之恩，特地准备了十两黄金在晚上去拜见他，结果却被杨震退了回来。

王密自己觉得，杨震可能是因为不好意思，为了表达自己的诚意，于是，就在第二天晚上又一次拿着黄金去拜见杨震，结果又被杨震退了回来。

杨震对他说道："我和你是故交，看到你有才能，我才举荐你，我很了解你的为人，而你却不了解我的为人。"王密这样说道："现在夜深人静，根本没有人知道这件事情啊！你为何不收呢？"

杨震立即说："天知、地知、你知、我知，怎么能说无人知道呢？"王密羞愧难当，很是佩服杨震的为人。而杨震自己也因为自己的清廉，最后做了大官。

修炼心性必须要做到"慎独"。曾国藩这样说道："慎独则心安。自修之道，莫难于养心，养心之难，又在慎独。能慎独，则内省不疚，可以对天地质鬼神。"能够做到"慎独"的人，才能够无愧于天地，才能够真正地完成道德上的修养和内心的坦然与对万事万物的淡然。对万事万物的淡然，才能够获得无比惬意和快乐的人生。

第1章 随性生活，顺其自然才自在

莫为"目标"苦煞头

生命的真实意义在于"过程",而不在"结果"。就是说,人生的终极意义在于过程,过程才是生命最为绚丽多彩的部分,我们切不可为过多的"目标"牵着走,否则,你就忽视了生命最为绚丽多彩的部分。

要知道,每个人最终都是要从这个世界上逝去的,对于逝去的人来说,一切的结果就显得极为虚空,比如,名利、财富、浮华,等等,这些被人们称为"目的"的东西随着人的死亡将不复存在,都会转化为虚无。哲学家也如是说:"目的皆是虚无",人生只有一个最为实在的过程,只有重视了切切实实的过程,生命才能变得更为厚重,我们也不至于被漫无目的的痛苦所束缚和折磨。

然而,在现实生活中,我们却被一个个的"目标"逼迫着不断向前赶路,升学、升职、加薪,等等,心灵变得疲惫不堪,生活极为紧张。在做一件事情的时候,还会想着有一大堆的事情在等着自己。于是,烦恼与忧虑便接踵而来。但是,当你再回首的时候,才发现自己只管匆忙地赶路,却失去了一些最为美好的事物。

有一对父子,他们每年都会把自家的粮食和蔬菜用牛车运到附近的城镇中去卖。儿子是个性子极为急躁的人,父亲性格极为和缓,总是认为凡事根本不必着急,慢一些完全可以享受过程的快乐。

这一天清晨,父子俩又一次赶着旧牛车到镇上去卖粮食和蔬菜。于是,儿子很是着急,不停地用棍子鞭打拉车的牛,想走快一些,尽快赶到集镇上把粮食和蔬菜卖掉。而父亲则在路上不停地这样说:"放松点,儿子。"父亲依然这样对儿子说,"这样你会活得更为长久一些。"然而,儿子却丝毫听不进去,坚持一定要走快一些。想在天黑之前赶到集市中卖掉粮食和蔬菜。

眼看着快到中午了，父子俩便来到一间小屋面前，父亲说他与屋中的人很是熟悉，想进去打个招呼。然而，儿子却等不及，他不停地催促着父亲赶路。但是父亲却坚持要与好久不见的熟人聊一会儿，儿子很生气，但是父亲却与熟人聊得很是开心。

再一次上路了，父子俩就走到了一个岔路口。儿子想，应该走左边近一些的道路，然而父亲却说："右边的路上有很漂亮的风景，边走边欣赏风景不是件惬意的事情吗？"

最终，儿子还是执拗不过父亲，就走上了右边的道路，但是儿子却对路边绿油油的牧草地、漂亮的野花和清澈的河流视而不见。而父亲则是充满了喜悦。

最终，他们没能够在傍晚前赶到集市，也只好在一个非常漂亮的大花园中过夜。父亲睡在路边很是惬意，不久便鼾声四起。但是儿子却焦虑万分，对明天是否能赶到集市而担心、焦虑。

第二天一大早，在路边，父亲又不惜浪费时间去帮助路边一位农民把陷入沟中的牛车拉出来。但是儿子却十分生气。他一直认为父亲对路边的风景比赚钱更为感兴趣，但是父亲却在不停地抱怨："还是放松一些吧，这样你才可以活得更为精彩。"

到下午的时候，他们经过一座山，俯视着山下城镇中的美景，许久之后，两个人都一言不发。最终，儿子将手搭在父亲的肩上说道："爸，我终于明白您的意思，体会到生命的真正意义了。"

生命的意义在于过程，而不在结果，为此，我们根本无须刻意去追寻，顺其自然，安然从容地走路，以恬淡与闲适的心境，以及不为压力所动的气度来面对生命中的每一天。这样才能活得惬意，体会到生命的真滋味。

生活中，很多时候，我们与上述事例中的青年人一样，不断地在人生的道路上为了一个个"目标"奔跑，不断地奔着下一个目标奋进，于是，我们的生活就很容易被忙碌和疲惫所占满，心中和眼中仅

第 1 章 随性生活，顺其自然才自在

仅只剩下这个目标，当我们猛然回头的时候，却发现生命的一个个美妙的过程已经被我们白白地浪费掉了。

忧愁穿脑过，梦在心中留

弘一法师在修行中，对任何事情都很是淡然，对人、对事、对自己都不会刻意地去苛求，随心生活，随性而为，所以，他的后半生才活得潇洒无比。

漫漫人生路，挫折、坎坷都是难免的，痛苦和欢乐也是同在的，烦恼与幸福也是共存的。我们对自己苛求太多，一旦遭受挫折或失败，遭受的痛苦也就越大，也就是心理学所说的智能越高，对苦闷的体验就越敏感的意思。为此，在生活中，我们一定要理性地认清自己，面对现实，量力而行，随心生活，随性努力，不要过分地苛求自己，这样才能更深刻地体会到生活与成功的真实意义。

有一次，丽莎到外地参加一个重要的会议，在一个没有电梯的宾馆中，从一楼到五楼间上下来了六七次，几次来回以后，顿时觉得脚腿发麻，而且感到浑身无力。而和她一同参加会议的一位年迈的老太太却大气不喘一下，看上去容光焕发，看起来很是轻松。

丽莎与那位老人闲聊之后，才知道，对方已经有80岁高龄了，是这次会议的特邀嘉宾。这么大的年龄还有这么健康的身子骨与精气神，实在令人佩服不已。丽莎在佩服之余，就开始向对方请教养生秘诀，老人说道："我的秘诀就是'忧愁穿脑过，梦在心中留'，对任何事情都不去过分地苛求。"

在谈及自己的梦想时，老人说道，在生活中，自己与人无争，与己有求，但是却不过分地苛求。我根本不想做名人，不想当受众人宠爱的对象。只想平平淡淡地做一个有所为有所不为的文学爱好者。在自己三十多岁的时候，当明白自己一生所要的不过是清清淡淡的一碗饭以后,我就主动放下了许多的事情。让每天的生活不闲着,也不过分地劳累,早上起来跑跑步,白天适当的时候读读书,晚上有空的时候写写字,内心不烦躁,无忧愁,白天吃得好,晚上睡得香,从来不会为什么事情去担忧。然而,正是这种看似极为平淡的心境,才让她能够沉淀下来,静下心来,写出更好的作品来,最后成为受众人崇拜的著名作家。

如此一位豁达、乐观的老人,虽然与己有求,但是又不故意苛求的人,能够不长寿吗?能不成功吗?无论年轻也好,年老也好,每个人心中都该有一个明亮心灵的梦想。但是,对于梦想不要去过于苛求,不必为自己制定什么硬指标,比如每个月一定要给自己制定完成梦想的具体额度,几年内要坐到什么位置,一生要赚取多少财富,等等,这样就是过分地苛求自己,这样,只会让自己陷入忧愁和疲劳之中。

在这个世界上,能够稳稳地站在塔尖上的毕竟只有少数的人,只要努力依据自己的能力,坚守自己的梦想,抱着一种顺其自然的心态去追求,就是无愧于心了,就要把一切看淡,这样才能够感受到生命的快乐与幸福,才能活得惬意,有意义!

玫瑰,莲花都芬芳

在现实生活中,许多人都习惯了用比较的眼光来看待事情,比如自己拥有的多与少、事物的好与坏,等等。当我们与他人比较的时候,是无法对自己所拥有的东西或者事物进行欣赏而获得满足,这样你是很难快乐起来的。

阳光明媚的春天,一个旅行团到一个著名的花城中去旅游,在赏花的过程中,大家看到一大片的玫瑰花开得很好,有位旅客就情不自禁地赞叹道:"真美啊!看到这么美丽的花真是太兴奋了!"而

淡然——人生何必太强求

坐在另一旁的一位旅客说道："这有什么，这玫瑰花哪有对面那个园中的牡丹花漂亮啊！"这话刚一出口，车上游客的心中就不免有些失落了，好像整个园中的玫瑰花完全失去了色彩。

玫瑰有玫瑰的香，牡丹有牡丹的美，两者是没有可比之处的，你只需要欣赏当下就能够享受到满心的快乐和满足。否则，所有的美感都会全部消失，我们也就错失了当下的快乐和满足，难道不是么？

与其做比较，不如换一种想法："这个很好，那个也不错"，用积极的心态去欣赏当下的美丽，享受自己所拥有的快乐，那么，你的心情将会永远是快乐的。

在现实中，无可否认，人与人之间，在能力、环境、际遇方面是有很大的差异的。很多时候，这种差异还是十分悬殊的，也是难以改变的，这就需要我们要接受和容纳自己，而不是以己之短比人之长。

北海有一种大鸟叫大鹏，振翅一飞就是九千里。地上的一只麻雀看到了，心里有些失衡，它想：何必长那么大，飞那么高呢？像我这样小巧玲珑的身材，只要一根小小的树枝就可以栖身；虽然一下子不能够飞九千里，但是每天的生活同样过得逍遥自在。

其实，麻雀并不如它自己所说的那样轻松和自在，它的这种心理就是典型的酸葡萄心理，也是比较后而产生的。

生活中，如果你处处去比较，那就意味着我们在别人的意识内生活，只能受别人的眼光和尺度控制，这也等于彻底丧失了自我。

比较最容易产生自卑，你越与他人比较，那么越会感到自惭形秽，所有的事情都会变得杯弓蛇影，即便有尝试的机会也只会裹足不前，你所有的士气、勇气和志气皆化为乌有。

因为比较而产生的自卑心理，会让年轻人的心失去应有的活力。要清楚，现实社会中，人们的标准是不同的，也不是一成不变的，我们无须每天按照别人的标准和尺度去活着，没必要去羡慕和忌妒他人，对自己的一切耿耿于怀。

我们应该学会说："我就是这样，现实就是如此，那么怎么样？"无须去比较，只要坚守内心的一份安宁与淡然，正确地认识自己，认识自己的不足，随心随性地做一切自己想做的事情，不去与任何人比较，那么，就会感到无比的满足和惬意。

不与任何人比较，就能够保持一份做人的本真，做真正与众不同的自己。

奥修是印度有名的思想大师，他说过一句经典的话："玫瑰就是玫瑰，莲花就是莲花，只要去欣赏，无须去比较。"别人的优异与出色，固然可以成为我们的借鉴，但是聪明的人绝对不会让自己的心每时每刻都充满了比较。一旦陷入盲目比较的误区，无法用新鲜、开放的眼光去看待事物。同时，也会抹杀了你身上独特的个性，破坏了事物原本的美丽与芬芳。

生活中，粗茶淡饭一样香甜，贩夫走卒同样尊贵。

没有完美的一片树叶

生活中美无处不在，无须苦苦求索。我们无须生活处处是青山，完美无须刻意去追求。意念中的完美只是一种憧憬，一个向往，是生活中的一个过程和体验而已，只要做到问心无愧就是一种完美了。

一个寺庙中的老方丈在觉得自己时日不多的时候，就想从弟子中挑选一位接班人来接替他的位置。然而，他所有弟子都很优秀，不知道该选谁好。

几天后，他就有了主意。他将所有的弟子都叫过来，吩咐他们到寺庙的后院中去寻找一片最完美的树叶回来。所有的弟子都不知其理，但是也仍然照师父的吩咐去做了。

淡然——人生何必太强求

很多和尚来到树林，心想，这么多的树叶到底什么树叶才是完美的呢？都冥思苦想，不知其理。但是，因为是方丈交代的事情他们不能随便应付了事。于是，每个弟子都在树林中仔细并辛苦地寻找起来。结果，等到天黑的时候，他们把自己累得气喘吁吁，也没能够找到那片"最完美的树叶"，最终都空手而归。

仅有一个和尚心想：如此多的树叶，每一片都有自己的特色，哪一片才是最完美的呢？于是，他就在树林中随便地拣了一片相对完整的树叶，早早地回到了寺院中。

天黑之后，方丈见众人都气喘吁吁地空手而归，便问道："你们都没有找到吗？"所有的弟子都说："我们每个人都找遍了整个树林，但是却没有一片树叶是完美的。"最后，只有早早回到寺院中的弟子将一片树叶交给他。方丈就问他："你确定这片树叶是最完美的吗？"弟子答道："是的，我觉得树林中所有的树叶都各有特色，但是我觉得自己拣到的是最完美的。"

最终，老方丈就宣布那个拣回树叶的弟子将成为自己的接班人。

方舟法师说道："世人崇拜完美已经达到登峰造极的程度，结果时时刻刻却为其所累，片刻都得不到安宁。然而，完美虽然极为美好，但却不一定是我们所需要的，也不一定是最适合我们的。"不可否认，追求完美是人的一种心理特点或者说是人的一种天性，按理说，这并没有什么不好。人类也正是在这种追求中才不断地完善自己，创造出了这个五彩缤纷的世界。但是凡事都要适度，如果因为缺失那么一点点而耿耿于怀或顽固到底，就大可不必了。要知道，为了从99.9%跨越到理想中的100%，你会为最终的那0.1%付出多出正常标准很多倍的时间、精力。更何况，世界上100%的完美根本就不存在，我们所谓的完美只是一句极具诱惑力的口号，一个漂亮的陷阱。

原来，正是失去才令我们完整。所以，不必要求太高，不必苛求完美。

第2章 境由心转，人生得失莫强求

境由心生，境随心转，你笑世界笑，快乐源于内心，你的态度决定了你的境遇。万念缘由心生，心浮则气躁，心静则气平。如果我们能够淡然地对待一切，一切自然就会变得风轻云淡。只要你看开了，谁的头顶都有一片蓝天；只要看淡了，谁的心中都有一片花海。想透了，你的心就宽了，做到了，你就坦然了，开朗了。在任何时候，只要我们愿意，我们随时可以调换手中的遥控器，将心灵的视窗调换到快乐的频道。

境由心造，快乐源于内心

境由心造是说，外界的一切的境况，皆是我们内心的映射。如果我们能够带着好的心态去为人处世，就能够得到好的结果，那么，你就是幸运的；而相反，如果你的心是邪恶的，那么，你看到的，做出的事情都是邪恶的，那也必然会给自己招来祸患。

很多时候，人与人之间并没有很大的区别，只是因为各自看待或对待事物的态度不尽相同，而造成截然不同的结局罢了。

有一位中国妇人在美国纽约的一条街市上卖果蔬，因为她做人极为厚道，不管面对怎样刁难的顾客，她都能和颜悦色对待。另外，她的菜也十分新鲜，所以，生意总是特别好。这让与她相邻摊位的小商贩很不满意。他们在扫地的时候，总会有意地将垃圾扫到她的店门口。但是，这位中国妇人并没有去过多地计较，而且每次还会把垃圾扫到角落中堆起来，然后又将店门清扫得干干净净。

后来，周围有一位好心的人就忍不住问她："周围所有的人都将垃圾扫到你家大门口，你为什么一点也不生气呢？"中国妇人却笑着回答道："在我们国家，过年的时候大家都会把垃圾往家中扫，因为垃圾就代表财富，垃圾越多，就代表你来年能赚很多钱。现在每天都会有人将垃圾送到我这里来，我感谢他们还来不及呢！这也代表我的财运会很好，我是不会埋怨他们的。"

后来，中国妇人每天都会在清扫垃圾的过程中，将有用的收起来，变废为宝，为自己带来了一些额外收入。

面对同样的垃圾，不同的心态，带来的结果却不相同。那些故意在中国妇人店门前扔垃圾的人，是以邪恶憎恨的心态去面对，而中国妇人将那些垃圾，最终变废为宝，为自己赢得了财富。

国学应用大师翟鸿燊这样说道："当一个人心态好的时候，他的思考就是正面的，他的行为也是精进的，他的表达也是正面的。"如果一个人带着憎恨的心情去淘米，做出的饭都是有"毒"的。恶，亚心为恶，一个人的内心处在亚健康状态时，也就可能会恶语伤人。由此可见，一个人的心态对自身情绪控制的重要性。

当你了解这些之后，我们一定要调整好心态，回首一下自己以往走过的道路，你就会发现，当初那些让人觉得比天大的困难，如今也只不过是生命道路上的一块儿绊脚石而已；当初那些快让人感到窒息的斥责，现在看起来是极为可笑的；过去那些令自己万分痛苦的事情，现在也只不过是供人茶余饭后闲聊的一个话题罢了……所有一切都已经成为永远的过往。我们无须痛苦，所有的一切仅仅是生命过程中一个极小的小插曲罢了，只要端正自己的心态，那些不愉快的事情，将会随风而逝。

得失常在，开心就好

人生在世，得失常在，有得必有失，这是人们共知的道理。

人无完人，事无完美，得失常有，但开心却是难求的。生活中的很多事情无论是"花开"还是"花谢"都自有它的道理，如果为了"常在的失去"而影响了自己的心情，那就得不偿失了。

有一位老人十分喜爱兰花，他的卧室中放了一盆养了几十年的兰花。有一天，他有事要外出一段时间，但是也不知道这花该让谁照顾，经过再三考虑，他就将兰花托付给邻居照看。

邻居接受了这个任务以后，也很是细心地照顾，知道他最喜爱

淡然——人生何必太强求

这盆兰花了。为此，他一直不让自己闲着，害怕兰花有什么闪失，结果还是因为缺乏养花知识，把兰花给"养"死了。他感到难过万分，对老人也心存愧疚，打算等老人回来给他赔罪。

老人回到家中听到他的诉说以后，没有生气，只是笑着说道："我种兰花，是希望能够陶冶一下情操，美化一下家中的环境，并不是要寻不开心的，我不会为了此事和谁怄气。"

世界上的很多事情，本来就不是我们个人所能左右的，很多无奈，我们不得不独自去面对，如果我们一直都抱怨，抱怨上天的不公，抱怨现实的残酷，那么，我们又何时回过头来去想过自己想要的人生，做人要学会自己调整自己。因为在这个世界上，得失是随时存在的，而快乐的心境却只有自己能够给予。

花开花落，世间万物都有其自己的道理，得与失也是自然规律，我们无须为失去的而耿耿于怀，忧伤落泪。要知道，有得必有失，有失必有得，你失去了权位和利益，却能够换得平静和快乐的生活。失去是不可挽回的，但是开心却是自己可以把握的，我们要把身外之物看得淡一些，坦然一些，豁达一些，万不可以太过在意，太看重，毕竟快乐才是人生的真谛。在追求的过程中，只要自己努力过了，就不必再为失去的而痛苦和烦恼，否则，还不如不去尝试呢！

心有多大，眼界就有多广

有一句话说得好："心有多大，眼界就有多广，思想有多远，我们就能走多远。"意思是说，那些真正有担当，能成大事的人，都是心胸宽广，敢于舍弃的人；而那些不懂得适时放下的人，都是心胸狭窄，爱斤斤计较的人，这样的人是不容易有大成就，成大事的。

在美国的一所著名大学，一位哲学家曾让他的学生做过一个这样的实验：他拿出一张 A4 的白纸举在同学们的面前，并集中注意力地盯着这张纸，请周围的同学告诉他他们看到了什么？

有的同学会说："我看到了只是一张白纸。"有的同学说："我什么也没看见。"有的同学却说："我看不到尽头。"

最后，这位哲学家就对最后回答问题的同学投去了赞扬的目光，并说："我比较欣赏这些同学的眼光，因为他们的目光不只是盯在一张纸上，他能超越出事物的本身，想到未来。这样的人，眼界往往比较高远，心胸也更为宽广，也容易使人生更为辉煌。"

心有多大，他看到的世界就有多广。心胸狭窄的人，看到的只是眼前的一点小利益，所以凡事都爱斤斤计较，置自己于烦恼与痛苦之中；相反，那些心胸宽阔的人，眼前呈现的是一个阔大的世界，有大抱负，大志向，所以，不会去计较眼前的小事，心态自然平和许多，烦恼和痛苦也会少许多。

在现实生活中，很多人总会抱怨世界不够大，施展个人才华的舞台也不够大。其实，世界与舞台的大小都源自我们的内心。内心有多大，你的眼界有多高，你周围的世界就会有多大。要想成就梦想，只有不断地扩大自己的心灵空间，舍弃过多的计较，才能获得最大的成功，做出更大的成就。

如果你能够认识到这些，然后再回首一下自己走过的道路，你就会发现，当初那些让我们都觉得天要塌的困难，现在看来也只不过是一些鸡毛蒜皮的小事而已；当初那些让人感到快要窒息的斥责，现在看来也显得微不足道；过去那些令自己感到痛苦万分的事情，现在也仅仅不过是供自己茶余饭后闲聊的一个话题罢了。一切的一切不都成为过眼云烟了吗？再痛苦，再烦恼，也不过是生命的一个过程罢了。只要你能够将心灵放得宽大一些，不要过于计较眼前的利益得失，一切都会成为生命中的过去。

为此，从现在开始，我们切不可再去计较眼前一些得失，那样只

33

淡然——人生何必太强求

会使我们变得狭隘，心小了，如何能够装得下大千世界呢？如何才能让自己快乐呢？

让他一"墙"又何妨

如果有一天，你和你周围的人发生了争执，你就让他赢，他又能赢到什么？如果你输了，你又能输掉什么？这个赢和输，只是文字上面的不同罢了，我们多数的生命都浪费在语言的纠葛之中。其实，两个人如果发生争执，并不会真正地分出输和赢，而失去的则是你们之间的感情、和气和友情。

体会到这个道理，如果你与他人之间产生纠纷、摩擦，对于彼此之间所出现的纠纷，就不妨多一点的谦让，多一点的理解，化干戈为玉帛，这样不仅能让自己少一份烦恼，而且还能收获人与人之间的和气和珍贵的友情。

乾隆年间，郑板桥一直在外地做官，有一天，他收到弟弟郑墨的一封信。

原来，在老家务农的弟弟想让郑板桥为自己出面，到县令那里帮自己把事情说清楚，这让郑板桥很不好意思。但是，郑板桥自己也很清楚，弟弟根本不是好惹是非的人，这次一定是受人欺侮，不得已而求之的。

其实，事实是这样子的，郑家与邻居的房屋共同用一堵墙，郑家想重修旧屋，但是邻居却出来干涉，于是就发生了争执。邻居对郑墨还恶语相向，并且说那堵墙是他们祖上传下来的，郑家根本无权拆掉。

但是，房契上却写得清清楚楚，那墙就是郑家的，邻居借光就盖了房子。这场官司就打到县里面，双方都在找人说情。郑墨自然会请他哥哥出面调解了，而且认定只要有契约，不会给哥哥带来多大的压力的，而且不管告到哪里，这官司都能赢。

但是，郑墨却没有想到，哥哥回信却劝他息事宁人，而且还附一首打油诗：

千里告状为一墙，让他一墙又何妨。

万里长城今犹在，何处去找秦始皇。

郑板桥的弟弟郑墨接到信件以后，感到惭愧至极，当场就撤诉了，并且还向邻居表示不再与对方发生争执了。邻居也被郑家兄弟的一片诚心所感动，当即表示道歉，并且还十分愿意与郑家重归于好，和睦相处。

只因郑氏兄弟的忍让，才避免了一场纷争，换得了和谐。这个故事告诫人们，忍让是一种处世智慧，也是一种极高的修养，一方面它可以使人获得心灵上的平静与道义上的支持；另一方面还能与人和睦相处，实现共赢。

在很多时候，"忍让"中的"让"并不是一种无能和懦弱的表现，也不是低人一等的表现，而是一种大度的风格，一种高尚的情操，它是处理人与人之间摩擦、矛盾的黏合剂，也是使人们心灵获得快乐的重要秘诀。

在现实的生活之中，很多人都会为了一点小事而互相谩骂，甚至会反目成仇，对簿公堂。如果他们彼此之间互退一步，就可以避免一场唇枪舌剑引发的"争斗"，人与人之间就能和谐相处。人们常说："唯宽可以容人，唯厚可以载物。"所以，为人处世要多些坦然和微笑，当你与别人发生矛盾时，与其与对方针锋相对，不妨相视一笑，退一步或许就能够海阔天空。随心随意，万事不对他人苛求，才能让心灵获得快乐与平静。

拥有慈悲，造福人生

我们每个人都具有善良的一面，对人慈悲就是善待生命，正是因为有了这些美德，我们的人生之路才会越走越宽阔。

有一个贫苦的小男孩为了攒足学费而去挨家挨户地做产品推销，可是一天下来，他几乎没有推出去任何产品，也没有赚到钱。

饥寒交迫的他摸遍了自己的全身，却仅仅只摸到了一角钱，于是，他就挨家挨户地哀求能有人施舍他一口饭吃。然而，很多人都将他拒之门外。

正在他绝望地又一次敲开了一家门的时候，一位美丽的小女孩打开房门，这个小男孩感到不知所措。这次，他没有要饭吃，而是乞求对方能够给一口水喝。这位小女孩看到他饥饿的模样，就递给他一杯牛奶。于是，男孩就慢慢地将牛奶喝完。男孩问道："我应该付多少钱？"善良的小女孩微笑着回答道："一分钱都不用付。我妈妈经常教导我说，施以爱心，应该不图回报。"

而小男孩说："请你接受我衷心的感谢吧！"说完，就向小女孩鞠了一个躬。说完，就离开了这户人家。

数年之后，当年那个小女孩得了一种罕见的疾病，当地的医生对此束手无策，最终被转到大城市医治，由著名专家亲自诊治。而巧合的是，这位主治医师竟然是当年的那个小男孩。当他听到病人来自的那个城镇的名字的时候，一个奇怪的念头霎时闪过他的脑际。他马上就起身直奔女孩的病房。身穿手术服的他来到病房以后，一眼就认出了当年的恩人。

他下定决心一定要治好这位女孩子的病。也就是从那天开始，他就十分照顾这个当年对自己有恩的病人。

经过努力，手术顺利地成功了。当年的男孩要求把医疗费通知单送到他那里，并在通知单上签了字。当医疗费通知单送到那位女孩的病房的时候，她根本不敢抬头看。因为她确信，她可能要用自己的整个生命来偿还这笔医疗费了。最终，她还是鼓足勇气，翻开了医疗费通知单，旁边的一句话引起了她的注意，她不禁轻读了出来："医疗费已付：当年的一杯牛奶。"

喜悦的泪水溢出了她的眼眶，她开始默默地祈祷着：感谢上苍给予她爱的回报。

慈悲是一种美丽，拥有慈悲之心的人生活也是美丽的。为此，我们一定要提醒自己，修炼一颗慈悲之心，造福自己的人生。

生活中，我们一定要培养自己的慈悲之心。有慈悲之心的人，才能拥有豁达的心胸，真诚地与他人相处，善待家人、朋友和他人。与这样的人交往，如同沐浴在春风里。

慈悲的人，能够得到生活的回报，能够真真切切地感受到生活的美好。

人生得失莫强求

禅学讲："凡无执著之心，亦无所忧患。"就是说，人生如果没有执著，就不会有所痛苦，有所忧虑。今天的执著，会造成明天的后悔。生活中，我们所刻意追求的，很大程度上会感受痛苦。

唐朝时期，有一个姓刘的大财主，每天从早到晚从来不会让家中的奴仆闲着，累得这些人根本喘不过气来。而他自己也累得不行，殚精竭虑，心力交瘁，每到晚上，他就会倒头呼呼地睡去。

有一天，在睡梦中，他梦到自己成为了别人家的佣人，于是他奔走干活，辛苦劳作，干得不好还要挨骂挨打，真是痛苦不堪。刘财主不堪梦中的痛苦，便去请教一位智者，智者笑着对他说："你的地位足以荣身，资财也绰绰有余，家产也远远地超过了别人。你夜里梦到做人家的仆佣，这是一种心理转换。如果你想在自己醒时和梦中都获得快乐，应善待自己和他人！"

刘财主听了智者的开导，心中即刻大彻大悟，从此开始宽待仆役，而自己也节省了很多的时间。不久，他确实感到自己果然轻松了很多，心中的痛苦自然减轻了不少。

在这个世界上有诸多的诱惑，比如金钱、名利、权贵，等等，而这些都是身外之物，只有自己的生命才是鲜活的，才是最为真实的。可惜世间还是有很多的人似乎还不能够明白自由、快乐的生命比身外之物更重要，为此，他们活得很是辛苦。

万物皆有定数，所以人生很多事情切莫去强求，只要尽力而为，一切随缘自然会如意！生活中，我们如果能遵循这样的自然法则去生活，就会拥有良好的心态，从而才能获得更为快乐、幸福和自由的生活。

心宽便是福

自轻自贱的人，早晚是会被自己给击倒的；而心往宽处想的人，这个世界就会没有过不去的坎。

人生常常会有失意，这是难免的。俗话说，人生不如意事常八九。如此，人生岂不是尽是伤心事？事实并非如此！生活中有一句话叫"好事多磨"，站在一定的人生高度去理解人生，我们就会发现，失意也仅仅不过是人生的小插曲，关键是我们应如何面对失意的心态。其实，及时调整，放宽心，努力从得意与失意中走出来，你就会发现，世间处处是阳光灿烂。

大才子苏东坡一生命运多舛，身处荒凉瘴疠之地，过着囚徒般的生活。他一生极有才华，却没能够实现自己的宏图壮志，但是因为具有宽阔的心胸，仍旧能够泛舟赏游赤壁，写下"颂明月之诗，歌窈窕之章"，畅谈人生哲学，留下《赤壁赋》这样的千古名文。

"下笔绣辞，扬手文飞"的张衡，终生仕途暗淡，"所居之官，辄积年不徙"，但他"从容淡静"，"致思于天文、历算"，发明浑天仪，造地动仪，令万世敬仰；同时，在"学而优则仕"的古代中国，他并没有取得传统意义上的仕途成功，但他并没有沮丧，终究成为世界上光彩夺目的科学和文学的巨星。

世界上，比海更宽阔的是天空，比天空更大的则是人的心灵。生活无论如何磨人，如何将你推向一个狭小的空间中，但是人的思维则是不受任何限制的，心灵的视野没有藩篱，来去自如，任你驰骋。

曾有一本《心宽就是福》的书中这样写道："心宽既是一种心理健康的标志，也是人生不可或缺的灵丹妙药。心宽就是福气。心宽了，才能保持精神的愉悦，心理的健康，才能使痛苦与压力远离，让快乐与轻松常伴；心宽了，你才不会向困难与厄运低头，才不会在泥泞荆棘中彷徨，才不会被生活的风风雨雨摧垮。即使命运对你不公，你也能顽强地抗争，拨开阴霾见到晴天，迎来彩虹丽日；心宽了，你才不会被名缰利锁羁绊，才不会为乌纱铜臭折腰，才不会被纷争算计困扰。即使你无官少钱，也能生活得潇洒自在，充分体味人生的快乐；心宽了，你才不会小肚鸡肠地待人，才不会斤斤计较地对事，才不会为鸡毛蒜皮之事而耿耿于怀。即使遇到别人的误解，也能平和看待，坦然处之，最终赢得信任。心宽了，你就能平和豁达，坦荡磊落，从容洒脱，不刻薄，不猜疑，不气恼。即使自己的才能暂时被埋没，也能心情平静，继续奋斗，直至品尝到成功的喜悦。"

淡然——人生何必太强求

塞翁失马，焉知非福

任何人的一生都不是一帆风顺的，都会难免遇到挫折与磨难，这是无可避免的。很多时候，我们之所以痛苦，就在于太过计较人生的得失，为自己的失去感到可惜。其实，人的一生得失总是均衡的，有时候，得即是失，失即是得。

你的很多所谓的对未来的担心，所谓的"惧怕"，归根结底都不过是自寻烦恼罢了。要知道，这个世界上，任何人都不会只坐顺风船，如果你过分地为未来担心，只会把自己宝贵的时间白白地浪费掉。

在一座石山上，有两块形状差不多的石头。它们共同立在山上，但是四年之后，两块石头的命运却发生了很大的变化。其中一块石头脱胎换骨，成为受万人瞩目的石像；而另一块石头则每天只是默默无闻地在路上，受万人的践踏。

看到如此巨大的反差，那块受万人践踏的石头，心中很是不满，就问道："老兄啊，三年之前，咱们还同为一座山上的石头，今天为何会有如此大的差距呢？"

另一块石头回答道："老兄，你不知道啊。在三年前，一位雕刻师来到我们这里，我们俩都请求他把我们雕刻成艺术品，但是，当他刚刚在你身上动了3刀，你怕痛不让他动你了。而我那时候却只想着自己未来的模样，所以根本不在乎刻在身上一刀刀的痛苦，就坚强地忍耐下来了。为此，我们的命运就发生了如此大的改变，我忍受了千刀万剐之苦最终才成为了现在的样子。而你却因为无法忍受雕刻之苦而无法改变，人们也只会拿你当垫脚石了。"

同样的两块石头，一块愿意承受苦难，忍受了痛苦，看似失去，最终却提升了价值；而另一块石头，不愿意承受苦难，看似得到，实则是失去，成为受人践踏的石头，痛苦一生。

同样地，在人一生的道路中，要获得发展，做出一些成绩来，必然是要经历一些磨难的，除非你一生就想一事无求，碌碌无为。为此，我们也要对自己的人生有个理性的认识，学会保持一份平和的心态，坦然地面对人生之路上的痛苦，坦然面对生活与未来，这样忧虑就会远离你。

另外，你一定要明白"祸兮福之所倚，福兮祸之所伏"的道理，你所期望的幸运之中可能暗藏玄机，你所遭受的逆境中也可能存在幸运，你无须过分地为未来的不幸和挫折所担忧，也许你所担心的灾难之中蕴藏着意想不到的幸运。总之，只要你能以淡然的心态，以积极乐观的心态去面对眼前的一切，那么你的收获才会多于损失，幸福才会大于烦恼，人生才能拥有真正的快乐。

放下包袱，让心灵轻松前行

漫漫人生征途，时刻都在取与舍之间选择。几乎每个人总是渴望着能够得到，渴望着能够占有，而常常忽略了舍，只有舍弃，才能让心灵轻松前行，才能活得潇洒、惬意。

如果你总想着得到，永远回避放弃，你将会永远得不到快乐。只有懂得了放弃的真意，才能真正理解"失之东隅，收之桑榆"的道理。懂得了放弃的真意，静观万物，就能够体会到一种与世界一样博大的境界，我们自然会懂得适时地有所放弃，这正是我们内心获得平静的源泉，也是我们获得快乐的好方法。

在生活中，多数人都有这样的体会：拥有的东西越多，自己就会越不快乐。可是，有一天，我们忽然惊觉：我们的忧郁、无聊、困惑、无奈，都和我们的要求有关，我们之所以不快乐，是我们渴望拥有的东西太多了，太执著了，不知不觉，我们已经执迷于某个事物，给心灵背负了一个沉重的包袱。

淡然
——人生何必太强求

一位刚刚毕业的大学生，从千里迢迢的山上要到海边去。在途中，他驾一叶轻舟扬帆出海，他劈恶浪、战狂风，历尽了苦难，经过长途的跋涉，还是没能够达到自己的目的地。

有一天，他靠岸休息的时候，遇到了一位智者，他说道："智者，我是那样的执著、那样的坚强，长期的跋涉的辛苦和疲惫难不住我，各种考验也没有能吓倒我。我的鞋子破了；手也受伤了，流血不止；嗓子因为长久地呼喊而沙哑……我已疲惫到了极点，为什么还到不了我心中的目的地？"

智者听完后问他："你从什么地方来？"

年轻人回答："我从两千里外的高高的山上来。"

智者看到了他的船只就问道："你背上背的重重的行囊中装的是什么？"

年轻人说道："它们对我可重要了。箱子的最左边装的是我生活必需的生活用品；箱子的右边装的是我每一次跌倒时的痛苦，每一次受伤后的哭泣，每一次孤寂时的烦恼；箱子的最上面装的是我过去得到的所有的证书、奖杯等荣誉；箱子的最下面装的是无价之宝，它们对我来说是最为重要的了，我在沿途中获得的珍宝不仅价值连城，而且还很有收藏价值，靠着它们，我才能来到这儿。"

智者听完以后，微笑着问他："你那些箱子大概有多重呢？"

年轻人则回答道："我没有仔细地称过。反正很重很重，一路上把我压得喘不过气来，但是它们对我来说都是极为重要的东西。"

智者笑着说："你的力气实在是太大了。你从那么远，背着如此沉重的行囊怎么能快速地到达目的地呢？只有适时放下一些，才能快速地到达目的地啊！"

年轻人这才顿悟道：说得十分有理！已经过去了，生活在回忆中又有什么意义呢？于是他就扔下了装在箱子右边的东西，这个时候他顿时感到心里像扔掉一块石头一样轻松。赶了一段路，他又想到：

"过去的荣誉、名利都是过眼云烟。再说，以前的辉煌也并不能够说明以后啊！"于是，他就扔掉了箱子中的最上面的东西，又感觉身上轻快多了。他就继续赶路，随后，他就想：得到的智者的至理名言不就是最好的无价之宝吗？最终，他又把千辛万苦得到的无价之宝全部丢弃了。这个时候，他发觉自己身上轻松了很多，也顿时觉得生命原来可以如此的轻松和快乐的！"

其实，生命就是一次长途的旅行，只有勇敢地舍弃那些无价值的、多余的东西，才能够让自己获得无比的轻松和快乐。生活中，你是否也在背着那些有形或者无形的"背包"呢？你的背上到底扛了多少无价值的、不必要的包袱呢？比如，你过去的失败，你犯过的错误，你说过的错话，那些让你愤恨的人，是不是一直还背在身上？你准备要扛多久呢？背着过往的不愉快的事情，你是否觉得是该放弃的时候了？

如果你现在感到异常的劳累，心灵感到异常的烦躁，那就赶快放下身上这些多余的包袱，丢弃那些多余的负担，丢掉那些过往的曾经的痛苦、烦恼或者创伤，放下任何你认为"不值得"背负的东西。要知道，天使之所以在高空中飞翔，是因为她有双轻盈的翅膀。当给她的翅膀上系上了太多的包袱，那么，她再也飞不远了。我们也应如此，只有及时整理、清理掉背包中沉重的东西，才能够轻装前行，才能让自己的生命之旅充满幸福和快乐，才能让自己飞得更高、更远。

莫让名利锁住了心门

《红楼梦》中写道："世人都晓神仙好，惟有功名忘不了！古今将相在何方，荒冢一堆草没了。"意思是说，世上的名利都是过眼云烟，无须将生命浪费在这些无谓的虚无事情上面。

淡然——人生何必太强求

有一天，刘壮和好朋友一起喝酒聊天。在闲聊期间发现这位朋友始终都郁郁寡欢，愁绪万千。刘壮向他询问其中的原因。原来，这位朋友近来刚被降了职，从正处长降为副处长。

见朋友如此难过，刘壮就劝他说："这并非坏事。这也意味着以后你再也不用应付酒桌，再也不用伤肝损胃了；有了急流勇退，多了让贤美名，岂不是两全其美的事情！"

见到好友眉梢稍许舒展后，刘壮进一步说道："人生在世，做官是一时，做人才是一世。我有一个朋友，他的父亲官至正军级之位，可谓位高权重。其退位当天便回到家中吃饭，看着饭桌上面的青菜、萝卜和豆腐，由衷的一声感言'解脱了'。老人退位后，虽然没有了昔日的喧嚣，却有了属于他自己真正喜爱的书法、易经、圆口平底布鞋。近日得见，老人虽已近八十高龄，却端坐在电脑桌前，只听键盘滴滴答答声响不断。你一小小的处长，与老人比，有何不能释然？"

刘壮的话，让朋友哑然失笑。刘壮继续说道："人生真如草木春秋，何苦要身心疲惫一世呢！太阳在任何时候都是东升西落，长江后浪推前浪是必然的规律。现在你都五十出头的人了，还有'用青春赌明天'的本钱吗？"

过了很久，朋友才重新开始讲话。他一把握住了刘壮的手，激动地说道："谢谢您了。要不是你，我现在还在难受，还不知要学着去放弃名利呢！"临行时，他又要了一瓶"舍得"酒，并天真地说："这酒名曰'舍得'，看来，我是应该好好品品它了！"说完以后，双方就豪爽地笑了起来。

莫让名利锁住了心门！名利皆为过眼云烟，生命的确不该为它所累。生活中，每个人都会遇到如此残酷的事情，它会逼迫你交出权力、放走机遇，这种事情既然回避不了，那么我们就不妨学着接受，放弃会使你心胸豁达，心胸豪爽，放弃名利会让你轻松自在。

示弱也是一种大智慧

生活中,很多人在追求梦想的道路上会过分地执著,用通俗的话来说,就是"一根筋""不撞南墙不死心"。这样的结果只会让自己在受挫的同时,承受心灵的痛楚。要使自己的心不为"目标"所累,就应该在适当的时候学会示弱。

当然,我们所说的示弱,不是指在困难面前的退缩,也不是表现在挫折面前的消沉。更多的是表现为一种谦逊的人生态度。会示弱的人,会在适当的时候选择放弃,并沉思下来,找准正确的方向,向新的旅程迈进。

在艾尔基尔地区,有一种猴子会经常到山下的农田中去祸害庄稼。其实,这些猴子也是为了维持生计才不得已到农田中去偷庄稼的,它们也是为了活命,为了能给自己多储备点粮食。

但是,农民们则是为了保护庄稼,发明了一种极为特殊的捕捉猴子的方法:将一个细的瓶颈,大口的瓶子容器中放一些玉米进去,这些瓶子的口颈刚好能够让猴子的爪子可以伸进去,但是当猴子一旦手中拿着玉米攥上拳头就出不来了。

利用这个方法,农民们捕到了很多猴子。每晚他们都将这个瓶子放进村口,第二天早晨起来,就能看到一些紧握拳头的猴子在那儿与那个瓶子较劲,但是手不管怎么挣扎就是出不来。其实,如果这些猴子能够示弱,学着放下手中的玉米,是完全可以逃走的,但是,它们因为得到了,却怎么也不肯松手,最终只有被捕了。

不会示弱,最终只能落得可悲的下场。在这里,我们可能会讥笑猴子的愚蠢,但是,现实生活中的人类又何尝不是如此!只要得到了,就会紧抓住不放,最终让自己承受煎熬和痛苦。

淡然——人生何必太强求

失恋、误解、做错事情受到他人的指责……多数人遇到这样的不幸或挫折，心中总是解不开，放不下，往往会感到心累，无精打采，不堪重负。如果我们能够及时放下，缠绕在我们内心的绳索不就自动解开了吗？只有学着放下，才能让我们轻装前行，才能够"拿"起更多。

现实生活中，人们经常以"毫不示弱"来标榜自己。殊不知，显示强大不一定强大，"毫不示弱"反而会使自己的"短处"暴露无遗。卑微、弱小蕴藏着巨大的力量，"勇于示弱"也是一种人生智慧。总之，适当示弱也会创造出令人吃惊的奇迹。

一生得失总归尘

世界上所有的事情，总是有失也有得。爱情能够给人幸福和快乐，也能让人品尝到痛苦和哀伤；名利可以给你享受，但是它也能够给你带来苦恼；成功使你快乐，但是在成功过程中也会遇到各种各样的挫折，让你无法忍受。

生活中，如果你期待一种东西，得到了，就能获得快乐；相反地，当你失去的时候，也会感受到悲伤，得到几分快乐，也会承受几分痛苦。

有人获得了财富，却可能会因此而失去健康和感情；而有人在事业上的成就减少了三分，则在健康、家庭幸福方面却能得到三分。有些东西看似不公平，但是如果你能够仔细想想，其实，所有的得失都是公平的。

生活中，多数人都认为有钱是快乐的，这是错误的。有时一个人用几百块钱能得到的快乐，等他有钱以后，可能要花费几万块，甚至几十万才能得到同等的快乐；你的钱越多，那些钱的价值就会越小；当你肚子饿的时候，一个馒头对你来说都是美味，但当你吃了十个馒头，你就会觉得食不知味。总之，我们无须去强求任何一件事，它们只会让我们降低生命的价值。

有一只狐狸，看到高高的庭墙上有一株葡萄，枝上挂满了诱人的果子。狐狸看到后垂涎三尺，想进去饱餐一顿。于是，它就开始四处寻找入口，终于发现一个小洞，可是洞口太小了，它的身体根本无法进去。

于是，它就在围墙的四周绝食一个星期，把自己饿瘦了，终于勉强从小洞中挤了进去，幸运地吃上了葡萄。但是，后来，它才发现自己吃得饱饱的身体，让它无法钻到墙的外面，很是担心主人抓到自己。于是，它又绝食六天，再次把自己饿瘦，才从小洞钻了出来。

其实，人生的得失就是如此。所有的经历，到最终的总数却是一样的，终点又回到了起点，起点原来可以回到终点。

可以试想，即便你有了全世界，无非也就是一日三餐，夜寐一床。就算你有多么豪华的房屋，买回来很多好吃的，到头来也是睡一张床，吃三顿餐。就算你每次可以点上一百道菜，你又能吃多少呢？最多能撑饱一个胃，难道不是吗？

生命的意义在于体验，每个人的财富地位也许有高低优劣之分，但是对快乐和幸福的体会却没有高低之别，仅有的是有钱人的快乐比较复杂，而有些人的快乐则比较简单而已，也就是这点差别。同时拥有几个男人或几个女人，并不会比单纯地拥有一个最爱的人还要幸福。

生活中，当你顺利时，不幸就在一旁看着你；当你快乐时，悲伤就在一旁窥视你；当你痛苦时，随之而来的便是快乐。到了最终，你就会发现，喜忧参半，每一种痛苦与快乐，每一样你所得到的和失去的，好的与坏的，最终，都会因生命的结束而归于尘土。

不管你的一生经历了多少悲伤、快乐，得到了多少，失去了多少，到了死亡的时候，都会变成一个样子。死亡会让一切变得公平，在死亡面前，没有贫富之分，不会说有钱的人死得比较舒服，而没钱的人死得比较痛苦。

先得到的可能会先失去，后得到的则是会后失去，没得到的就不会失去。为此，我们真的不必要去计较，不必要去算计，只需要去仔细地体验就好。

美丽就在不经意间

人生是一次长途旅行，其中没有风平浪静、一帆风顺。当我们处于绝望的状态或困境之中时，要学会低头。仔细看一看，就能发现生活中别样的美丽，这时候，你就会发现生活中处处充满了美好，而自己的心灵也因此而充满了快乐的阳光。

一个青年人在城市的建筑队上工作，每天都很辛苦。夏天他将自己暴晒在烈日之下，汗流浃背；而冬天的时候，他在大雪纷飞中忍受严寒，但是，为了维持一家人的生计，他不得不继续忍受下去。

有一天，当他拖着疲惫的身躯回到家中的时候，猛然看到家人一如既往地在厨房中忙乎着为他做饭，烧水；几个孩子在屋中快乐地嬉戏，一看到他回到家中，便都兴奋地扑了上去……正是在这个时候，他发现自己简陋的小层中竟然充满了别样的温馨。他慢慢地走进厨房，用一种充满爱意的感动将妻子抱起来，转上一圈。妻子的体重并不比50公斤重的石头轻多少，但是，他的内心却洋溢着幸福的味道。

就这样一个小小的动作，就将他一天的疲惫赶走，再也感觉不到任何劳累了。

其实，生活中并不缺少美，关键在于缺乏发现美的眼睛。生活处处充满了重压，我们时常会被压得喘不过气来。这个时候，我们一定要学会低头，这样你就能够发现生活中隐藏的别样的美丽。

中国台湾著名作家几米在其作品中，写过这样一段文字："掉落深井，我开始大声地疾呼，等待救援……天黑了，我黯然低头，才猛然发现水里面满是闪烁的星光。我终于在最深的绝望中看到了最美丽的惊喜。"诗意盎然的语言道出了耐人寻味的哲理，那就是在生活中最完美的莫过于那个"低头"的瞬间！

当你的生活处于艰难的状态之时，只要你低下头，就可以发现亲情的温暖；当你的事业处于低潮之时，低下头来，就可以自己收获乐观的性格与坚毅的品格；有谁能说，这不是一种别样的美丽？

当周围的一切都变得不尽如人意时，心中切不可惊慌，也不必失措，只需低下头来，可以看到家长耐心的指导和朋友殷切的激励。当有一天你走出困境，收获努力后的喜悦时，又有谁能说，这不是一份永恒的喜悦？

美丽就在不经意间！生活处处有美丽，凡事无须强求自己，否则，呈现在你周围的将会是永恒的黑暗！

错过也是一种美丽

漫漫人生道路中，珍贵的东西有很多，但是我们总会因为这样或者那样的原因没有很好地把握住，最终只能留下遗憾。在以后的年岁中，我们时常会因此而感到哀伤、难过、悔恨，让自己的心陷入痛苦之中。其实，大可不必如此。人生就是一次不圆满的旅行，错过也可以成为生命中一道靓丽的风景线。

有一天，静在去上班的路上，突然遇到了大雨。因为没有带伞，所以，只好无奈地站在公交站牌下面等公车。当时的雨下个不停，静的公车还没有来。眼看着车站上的人一个个地上车离去，静顿时懊恼自己的粗心。

淡然——人生何必太强求

翔在雨中开着自己的车子，他开得不是很快，因为他喜欢雨天，喜欢看雨中的一切，这个时候，忽然一个靓丽的身影映入眼帘，那就是静。虽然个子不高，但是很有气质，而且雨水淋湿了她前额的头发，翔看着竟不由自主地放慢了车速，最终停在车站的旁边。

一辆辆的公交车来了又走，女孩依然在站台等待，也许是她的车还没来吧，翔就这样想。其实，雨中的她显得十分纯情自然，就像一朵刚刚绽放的白玉兰，纯净得让人忍不住多看几眼。

翔就这么看着，他不知道自己能否邀她上车，然后送她回家，因为他们毕竟素不相识，即便他邀请了她，她未必会相信他，翔不断地在心中猜测着。

雨不停地下着，静就这么焦急地等着，翔就这么看着。

终于，来了一辆公交车，静上去了。翔看到静上了公车，看着公车在雨中缓缓行驶，他忽然觉得自己很是失落。是因为她吗？他们毕竟不认识呀，但为什么自己会不开心呢？难道自己真的在一瞬间喜欢上了她？翔嘴角露出了浅浅的一笑，这个女孩确实使他的内心荡起了一层涟漪。

翔有些后悔自己没有停下车来，让她上自己的车子，这样或许他现在也不会后悔了。可是这都是假如，翔又笑了笑，其实错过了也好，虽然错过了，但是在自己心中留下了一份美好的回忆，这可是一件美事。更何况，如果邀她上车，如果遭到拒绝，留给自己的也就是一份尴尬了。这样错过也许是最好的结局，错过并不等于失去，更何况自己从来没有得到过，又何谈失去呢？

每个人的一生都会错过很多东西，错过之后很多人都会感到遗憾、后悔，殊不知，错过有错过的美丽，正是因为当初的错过，才成就了如今的完美。

生活中总有太多的错过，几多忧愁，几多相思。在我们停留在错过的遗憾的不经意间，许多更美好的事物和回忆与我们擦肩而过。

也许那些在不经意间错过的才是最美好的，如果我们只会停留在眼前错过的伤感中，那么我们会错过更多。

人们总喜欢把错过和失去当成是人世间最遗憾的事情，为什么不把错过看做人生最美的邂逅呢？凭着自己对未来的憧憬，告诫自己努力前行，在每一个相思的日子里，在每一个翘首以待的时刻，幸福地过着今生的分分秒秒，这样的错过也是人生一道美丽的风景。这一次的错过也许是下次邂逅的开始，错过并不意味着失去，而是意味着更完美的开始。

鱼和熊掌不可兼得

人之所以痛苦，在于内心的贪婪。生活中，很多人的痛苦就在于过分地关注自己的所失，而不顾及自己的所得，因为心灵失衡，故而痛苦和烦恼就如影随形。

晓锋是某著名企业的高级管理人员，工作时间已有4年。但是最近他发现自己是越来越厌倦自己的工作了。因为他觉得自己再也承受不了巨大的工作责任与压力了，整天没完没了的电话就让他厌烦。

上周六，晓锋好不容易抽出时间带家人出去旅游，本想趁这个机会好好地放松一下。结果还没登上飞机就接到了公司打来的两个电话，接下来的3天，他更是频繁地接到电话，那时他真想把手机砸了。就在第4天的时候，公司的一个紧急电话使他10天的旅游计划彻底泡汤了。无奈之下，他只好再携家人一起回去。

回到公司后，晓锋就找到自己的上司，神情沮丧地对领导说出自己的压力有多么的大，心里有多么的烦躁，并且恳请上司给他换一个轻松一点的职位，不然自己可能要崩溃了。领导也从他说话的口气中听出来他所背负的压力是巨大的。于是，没过多久就提拔他到办公室去做自己的业务助理。这个位置只是个闲差，平时没什么

淡然——人生何必太强求

大事，只是整理一下客户资料，陪上司出去应酬什么的。其实说白了，就是明升暗降，但是晓锋却感到轻松了些，所以心中也是十分感激的。

总算可以清闲地安静下来休息一下了，刚开始晓锋对上司的这个安排十分满意。但是，这种清闲日子没持续几天，一个更为严重的问题又让他陷入了焦虑之中。公司平时重要的会议，他几乎没什么机会去参加。即便是偶尔去了，也会被安排在一个十分不起眼的位置上，没有发言的资格。而在以前的重要会议他总是会被安排在前排发表讲话的。这让晓锋有了一种莫名的失落感，心里顿时像放了块大石头般难受。

办公室的工作尽管是清闲的，但时间长了，他却感觉越来越乏味。还总会觉得自己没面子，感觉其他的同事在背后偷偷地议论自己。以前的工作虽忙了些，但是有成就感，而现在整个人就像被废了一样，他感觉自己比以前更加焦虑和心烦了……

晓锋既想轻松，又想被重用，得了这个又想要那个，这就产生了矛盾，矛盾引发了焦虑。要知道，世界上是不存在十全十美的事情的。事物都是有两面性的，忙碌的背后必定是重用，清闲的背后必然被轻视，晓锋没有想到这一点，只是在忙碌的时候想到清闲，得到清闲后又想着被重用，因为没有及时舍弃其中之一，痛苦和烦躁自然就会越多。

生活中，很多人都有如晓锋这样的心态，既想得到"鱼"，又想得到"熊掌"，到最终，什么也得不到。试想：你想获得成功，但是又害怕经历磨难；你想获得清闲，就辞职在家，但是又会因为无所事事而失落；为了得到高薪，你又找到了一份好工作，但是你又感到压力太大，责任太重……你总是这样患得患失，如何能使自己的内心获得平静，获得快乐呢？

要知道，快乐与痛苦从来都不是孤立地存在的，祸和福永远都是相依相衬的，一件事的正面是快乐，背面就必然是痛苦，如果你想得到，就必然要付出一定的代价。认清了这一点，你就要时时刻刻多想想自己的所得，忘却自己的付出或所失，心中的不平衡也自然会消失。

"鱼，我所欲也，熊掌，亦我所欲也；二者不可得兼，舍鱼而取熊掌者也。"几千年前的孟子，就已做出了这样的阐述，这正是人们获得成功、获得快乐的最佳指导。懂得果敢地放弃和义无反顾地选择，这是一种智慧，也只有这样的人，才会活得快乐，活得潇洒，获得心灵上的慰藉！

丢弃抱怨，忘却苦恼

很多人在失意的时候，经常会发牢骚，无休止地抱怨。因为失意的自己，不仅需求得不到满足，同时还会遇到诸多的麻烦和压力，这自然会造成内心的失衡，也会给自己带来痛苦，最终导致情绪萎靡。

在生活中，当我们心情不好时会找别人吐苦水，开始无休止地抱怨，为的是博得别人的同情，但是凡事都必须要有个限度，不断重复自己的不幸，只会让人觉得你是个生活的"怨妇"，最终得到的只可能是人们茶余饭后的谈资，以及别人对你的厌烦，这样的结果就是让你感到越来越苦，直至无法承受。

自从丈夫去世之后，婷英的性格就变得怪异，心中时时充满愤怒，整天在朋友面前抱怨生活的不公。她内心憎恨孤独，孀居三年后，她的表情也变得硬邦邦的，几乎看不到一丝笑容。

有一天，婷英在路上走着，忽然就看到一幢她以前非常喜欢的房子的周围竖起了一道新的栅栏，那房子虽然很旧了，但是院子里面却打扫得干干净净，院子里种植着各种花草，显得很是安静。婷英注意到里面有一个系着围裙，身材瘦小、弓腰驼背的女人在拔着杂草，修剪鲜花。婷英不由得停下来，长久地凝视着栅栏里的一切，看到那弱小的女人正要试图开动一台割草机。

"喂，你家的栅栏，真是太美丽了！"婷英一边喊着，一边挥动

淡然——人生何必太强求

着手。那个女人也蹒跚着站起身，看着婷英。她微笑着说："到门廊上坐一会儿吧！"

婷英同女人一同走上后门的台阶，那女人打开拉门，说："这些年我都是独自一个人生活，经常会有许多人来我这里聊天，他们喜欢看到漂亮的东西。有些人看到这个栅栏后便会向我招手，几个像你这样的人甚至走进来坐在门廊上与我聊天。"

"但是前面这条路扩宽后，这里发生了如此大的变化，难道你内心不介意？"婷英问道。

"变化是生活中的一部分内容，也是铸造个性的因素。当不喜欢的事情发生在你身上，你总要面临两个选择：要么痛苦愤怒，这样做的结果只会让自己越来越痛苦，因为你不停地重复自身的痛苦，重复一次，就会让自己再痛一次，久而久之，伤痛就成为你生活中的一部分了；要么就振奋进步，用微笑与努力将痛苦掩埋，它就再也不会影响到你了；要知道，太阳每天都是新的，它从来不会因为你而改变什么，既然如此，不如选择后一种……"

听到此话，婷英的内心深处就有一种新的感受，只是感觉到，由愤怒建筑起来的心灵的坚硬的围墙轰然倒塌了……

是的，苦水只会越吐越多，你的抱怨每重复一次，内心就会痛苦一次，久而久之，你的内心就会变得抑郁起来，痛苦也最终会成为你生活中的一部分，成为你生命的一种习惯。为此，当我们遭遇不幸的事情的时候，一定要及时地敞开心扉，让阳光驱散内心的阴云，那么，你内心将会获得无限的快乐和幸福。

第3章 万事随缘,花开花落终有时

人生在世,凡事不可能一帆风顺,也不可能事事都如意,我们总是被无尽的烦恼和忧愁所缠绕,还有诸多的诱惑在考验着你的定力?那么,我们该如何去面对呢?要让自己活得快乐一点,那就要顺其自然,随缘而定。缘分是个令人摸捉不透的东西,它来去自如,谁也无法把握,我们只能坦然接受,宠辱不惊,任花开花落,如此才能获得一份难得的恬静……

淡然——人生何必太强求

幸福就在身边

每个人都渴望幸福，渴望拥有幸福的生活。一位哲人说："我们之所以不幸福，是因为感受不到幸福。"生活中，很多人总会拿自己的幸福与他人进行比较。当看到别人的幸福时，我们总会忍不住哀叹自己的痛苦；在惊艳别人的美丽时，总是感伤自己的平凡；渴望别人的快乐却又总会粉碎自己的快乐。其实，幸福和快乐都很简单，它就在我们身边，随时随地地跟随着我们。

一条小狗只要一闲下来的时候，就会不停地绕着自己的尾巴转圈，直到把自己累得筋疲力尽地躺在地上喘气。

主人问他说："你天天围着自己的尾巴转圈，那么劳累地在寻找什么呢？"

小狗气喘吁吁地说道："有人告诉我说，只要我能够追到自己的尾巴，就可以获得永久的快乐和幸福了。所以，我才会不停地追逐自己的尾巴，以至于每天都活得筋疲力尽。"

主人叹了一口气说道："我在年轻的时候，也听别人说过同样的话。所以，当初也像你一样的傻，为了追求自己的幸福把自己搞得疲惫不堪，精疲力竭，最终也没能感受到任何的快乐和幸福。后来我就主动放弃了。当我随性生活的时候，才发现幸福和快乐原来就在我们身边！"

其实，幸福和快乐都是件极为简单的事情，无须我们刻意去苛求，它不在"尾巴"上，而在我们的心里。它们就是一种简单的心理体验，它是一种完全根据本我的需求去支配自己行为的一种生活方式。

生活中，真正的幸福和快乐本身是极为简单的，它不带有任何的名利和世俗的想法，随性而为，随缘而为，随心而为，都能获得真正的幸福。生活中，我们切不可把幸福想得过于复杂，让自己跳出思维的条条框框，让自己获得最终的幸福和快乐。

一切随缘莫强求

缘分既然是个难以把握的东西，无可捉摸，那我们就不如随缘而为，切莫强求，否则，只会给自己带来无尽的痛苦。

丽和锋在一起已经六年了，丽一直认为他们可以相爱到天长地久，海枯石烂。可是，就在她为他们的感情而憧憬幸福时，锋却向她提出了分手。一时间，丽顿时觉得她的天塌了，她彻底崩溃了。她就跑到锋的单位质问他分手的原因，锋只是简单地说不爱了，说他们彼此在一起太累了。

丽很是伤心，每天都以泪洗面，她还是不愿相信两个人的感情就这样没了。于是，经常给锋打电话，诉说她对他的思念之情，锋自己也很烦，但是丽依然不放弃。

到后来，锋很快就开始了一段新的感情，并没有把丽的悲伤放在心上，丽很是伤心，到锋的单位中大吵大骂，最终锋因为忍受不了丽的过分纠缠，一气之下就将丽杀害了，因此也毁灭了自己的人生。

在爱情的世界里，不是每一朵花都能如期地开放，也并非每一朵花都能结出果实来，对于感情来说，当你爱一个人而得不到回报的时候，在你付出千般努力也无法得到一个承诺的时候，在你因爱而受伤的时候，千万不要再继续与自己较劲了。要懂得，这可能是你们的缘分已尽，要学会放手，给彼此自由。否则，带给你的只有无尽的痛苦和烦恼。

淡然——人生何必太强求

上述故事中，因为丽不懂得"一切随缘"的道理，最终将自己推向了痛苦的边缘，也给别人带来了伤害，这是可悲的，也是十分遗憾的。所以，在生活中，当爱成为彼此间的一种束缚时，一定要学会放手，给彼此充分的自由，这样才能在对方面前保持起码的自尊，才能让爱成为生命中一种永恒的美丽。

给对方自由，也是给你自己一份快乐与自由。要知道，人世间曾有太多的悲剧发生，过于执著只会给彼此带来痛苦和伤害。所以，我们还是顺其自然吧！相信你们的缘分已尽，退一步海阔天空，学会放手，学会给对方自由！给他爱你的自由，也给他不爱的自由，这样，不也正是爱情的美好所在吗？

情缘难解

人世间的"情"也是不确定的，我们无须过分去强求。为此，失恋的时候，我们无须过分地痛苦和恼怒，要知道，在任何时候，生命的灿烂与辉煌并非只有一个地方拥有，只要你能够释然一些，放下过去，用一颗感恩的心去看待过去并希冀未来，你终究会看到别样的另一番风景。

天涯何处无芳草，人间自有真情在，自己的柔情一定会有人读懂。既然双方都疲惫了，不妨让彼此都休息一下，别在失去感情的同时，也失去了自尊。这时候，你可以静静地坐下来，抬头看看天，看看树，再洗把脸，听支歌，读一段小诗，梳梳头发，照照镜子，看看里面的那双眼睛是不是还炽热。告诉自己：情去了，缘散了，没有什么了不起，那些不属于自己的注定是得不到的。

传说，有一个书生为了去赶考，不得不与他的未婚妻暂时分开。在进京前，他曾与未婚妻约好，等他回来之后，就会在某年某月某日与其结婚。

就这样，多半年过去了，书生进京赶考回来了，而他的未婚妻却嫁给了他人。书生很受打击，心里难过极了，从此就一病不起。

这个时候，书生家门前路过一个僧人，说自己完全可以看好他的病。书生的亲人就让他进了家门。僧人没有给书生把脉，开药方，而是从怀中拿出一面镜子给他看。镜中一片茫茫大海，一名遇害的女子一丝不挂地躺在海滩上，旁边路过了许多人，但是这些人都是看一眼，摇摇头，就走开了。

又路过一个人，将自己的衣服脱下来，把女尸体盖上后就走开了。一会儿，又经过一个人，走过去，挖了一个坑，并小心翼翼地将尸体掩埋了。

书生十分惊愕，那僧人却对书生解释道："那具海滩上的女尸，就是你未婚妻的前世。而你是第二个路过的人，曾经只给过她一件衣服。她今生只有缘与你相恋，只为还你一个人情。但是，她最终要报答一生一世的人是前世曾将她掩埋的那个人，那个人就是她现在的丈夫。书生随即大悟。

情缘难解，这个世界上没有永远的激情，也没有一成不变的事情。人生的花开花落，都是周而复始的，没有永远不凋谢的花朵，没有永恒不变的感情！真爱一个人，不一定要拥有；真正的爱情，也不一定就会天长地久！如果你爱一只鸟，就给它飞翔的自由，给它享受蓝天的自由，给它品味风雨的自由；爱一个人，给他爱的自由，给对方选择的自由和拒绝的自由，这是爱情的最高境界。

人生的风景并不是只有一处，在你为逝去的美景哭泣的时候，眼前可能是一幅更美的画卷。不要沉醉于过去的情感，失去了意味着这段情感不适合你，一段更好的感情正在等待你。

人生犹如一部戏，我们每个人都是戏里的主角，每个人都不可能把自己的角色演到极致，而不留一丝遗憾，没有遗憾的人生不是完整的人生。放下过去，还给彼此自由，让彼此生活得更好，这才是真正一段完美的感情。所以，当你被某些事情缠绕得心力交瘁的时候，一定要告诉自己：只有放下，才能重获快乐和自由！

淡泊名利，宁静致远

只有把名利看淡一些，才能获得惊人的成就。一个计较名利得失的人，在其位上是不会有所成就的。古往今来，那些大学问家，大科学家，都是这样去做的，他们不屑于去计较个人的名利，而是将全部的心血和才华都投入到自己喜爱的事业之中。为此，他们一方面在享受心如止水的快乐的同时，另一方面也能够获得水到渠成的惊人的成就。

居里夫人可谓泊淡名利的典范。

居里夫人是伟大的科学家，她在科学上的成就使很多人难以企及。她一生共获得过10次各种各样的奖金，各种奖章16枚，各种名誉头衔共117个，但是，在这些至高的荣誉面前，她都能保持一颗淡泊的心。

有一天，一位朋友到她家中做客，看到居里夫人的小女儿正在玩英国皇家学会刚刚颁发给她的一枚金质奖章，朋友大惊道："英国皇家学会的奖章怎么能给孩子玩呢？这可是至高的荣誉呀！"居里夫人看罢，便笑了笑说道："我只是想让孩子们从小就知道，不要把荣誉看得太重，绝不能永远守着它去生活，否则一辈子可能终将会一事无成。"不仅如此，居里夫人还毅然辞掉了100多个荣誉称号。正是她始终能在荣誉面前保持一颗淡然的心态，才使她能够获得第二次诺贝尔奖。

只有看淡名利的人，才更容易全身心地投入工作，才能做出更高的成就来。淡泊是一种修养，是一个人精神上的一个至高的境界，真正淡泊的人，心态极为平和，视名利如粪土，能够堂堂正正地做人，踏踏实实地做事，最终才能够获得精神上的享受。

生活中，可能会有人说，我又不是仕途中人，无所谓淡泊不淡泊名利。其实不然，任何一个普通人都会涉及此类问题。比如说退休、降职、让贤，等等。对曾经攀登上事业高峰的人而言，再也没有什么比在绚烂中突然隐退更让人伤心和难过的了，这个时候，我们一定要学会淡泊，把名利看得轻一些。要知道，你其实并没有失去什么，换来的只有轻松和快乐罢了。

缘来缘去也安然

任何人的一生都不可能一帆风顺，总难免会被纷纷扰扰的琐事所困扰。同时，还有诸多的诱惑的试炼，让我们时常感到身心不安，这个时候，与其强求，不如顺其自然，随缘而定。

缘分在很多时候，让人难以掌控。缘分如线，能将相隔千山万水的陌生人牵连在一起，让他们在偶然间相识相知；缘分如水，来去自由，在润物细无声中浸透着最美丽的邂逅，将彼此的心灵浸润，洗尽曾经的彷徨，给人带来意想不到的机缘。生活中的得失，一切在于一个"缘"字，它让人捉摸不定，与其强求，不如随缘。缘来缘去也安然，这样的人生才是惬意的人生。

高高的山上有一座寺院，一位和尚经常到山下的河边去挑水。

有一次，他的桶有点漏，滴滴答答，一路都在往下漏水。过路的人看到此情境，就提醒他说："你这么辛苦地挑了一担水，可水桶却是漏的，等你走到山上的寺院中，恐怕水就差不多漏完了吧！为何不换个新桶呢？这样有多么的浪费力气啊！"

而这位小和尚坦然一笑说道："没有浪费力气，你可以回头看一看，这桶中所漏掉的水不是都浇了这一路的花草吗？你瞧，它们长得多好啊！"

第 3 章 万事随缘，花开花落终有时

61

淡然
——人生何必太强求

一切随缘，这是一个想获得快乐和幸福的人应该有的心态。学会以坦然、乐观的心态去看待世事的发展，才能够赢得内心的平静，赢得令他人羡慕的"快乐人生"。

很多时候，缘分都是令人捉摸不定的东西。缘来了，谁也挡不住，你只能坦然接受；缘散了，谁也不能强留，我们只能在顺其自然中寻找到一份难得的淡然和恬静……

缘分也是个奇妙的东西，根本无法解释，因为无法解释，所以充满了无限的玄机，给人以无限的遐想。很多事情，好似上天安排好了似的，在坎坷人生的驿站该遇到哪些人，该遇到哪些事，仿佛在冥冥之中已经有了定数。正所谓万事随缘而来，随缘而去，不必苛求和挽留，人生在世，万事随缘皆好。缘来，无须狂喜；缘去，则不必悲泣，一切都是定数。

一切随缘，是一种胸怀，也是一份成熟。有缘无分，或者有分无缘，都只不过是生命中一段不圆满的缺憾而已，它不应该成为我们漫漫人生征途中的困惑和羁绊。对于不成熟者，缘来的时候不懂得如何好好把握，等到缘散的时候才去不断地抱怨和后悔，徒留一份痛苦和遗憾；对于成熟者而言，他们从不会把缘分当作是生命的一种负担，他不在乎缘分的得失，怀揣着一份轻松和坦然，在拥有的时候无限地珍惜，失去后也会淡然一笑，该珍惜的时候已经珍惜了，该放手的时候就该放手，看淡了，也就不会耿耿于怀。

作为一个平常人，我们没有翻云覆雨的能力去左右别人的意志和心意，但是我们却可以把握自己的内心，用随缘的心态调剂自己的内心，让人生获得精神上的自由和坦然。读懂随缘的人，内心有一种坚韧的自信，无论面对风云变幻的任何坎坷的岁月，都能够进退自如，游刃有余。万事随缘，你的生命将会获得一份恒定的平静和恬淡；万事随缘，你会保持坦然愉快的心情。

恬淡闲适，静享生命

随着现代生活节奏的加快，很多人都处于超负荷的忙乱的生活状态之中。白天忙了一天，晚上终于回到家该清闲了，内心却还总是会陷入一种莫名的不安之中。为何不安，也找不出合适的理由来。这主要是因为我们的内心总是在苛求自己不停地忙碌，以至于形成了一生习惯。

不说其他人群，就是一个普通的上班族的一天，就是如此地忙碌：

早晨七点钟，闹钟响起。开始忙碌着起床，然后洗漱、穿上衣服，开始吃早餐。很多人根本没有时间吃早餐，于是就随手抓起水杯和面包，急急忙忙地跳进公共汽车中，开始了一天上班高峰时间最艰难的煎熬。

从早上九点钟到下午五点钟，开始为工作忙得不可开交，做事小心翼翼，唯恐出现错误，并且还要维持和谐的人际关系，以免当公司"重组"或者"裁员"时，自己会时刻面临竞争的危机。

好不容易到五点钟，下班了，多数人还得面对无休止的工作应酬。幸运的一群人行驶在回家的高速公路上，开始与家人单独相处。吃饭、聊天、看电视。到晚上十点钟左右开始睡觉，以防明天因为迟到而被罚当月奖金。

这种机械的生活状态其实离我们并不遥远，很多人都与上述这位上班族一样，每天都在忙碌着，置身于一件件做不完的琐事与各种杂念之中，每天都在不停地忙碌着，丝毫体验不到生活的任何乐趣。

我们的内心就像被上了发条一样绷得紧紧的，生怕一停下来就被社会所淘汰。要知道，生活的真谛在于追求幸福和快乐，麻木与紧张并不是该有的生活常态。长时间处于这样的生活状态之中，我们的生命会变得麻木，感受不到任何的色彩。为此，我们一定要抛开一切，放开心中紧绷的弦，让自己清闲下来一阵，这样，你就能够重新找到生活的意义和乐趣。

你可以推开一切，什么也不做，找个清闲的地方坐一坐。在刚开始的时候，你一定会觉得心慌意乱，会觉得自己一停下来，所有的一切一定会出问题。这个时候，你就将这些杂念从你的头脑中赶走，尽力深吸气，保持内心的平静，慢慢地，就会发现，你整个人都会轻松很多。一会儿，你就能够体会到这一段时间竟然是如此的惬意，感受到生命原来是如此美好。接下来，如果再去工作，你就不会那么手忙脚乱，就会从容淡定地去处理各种事务，内心不会再有任何的紧迫感。只要将这种状态坚持下去，并且养成习惯，你的生活状态将会得到极大的改善，你就会从那种极为紧张的情绪中解脱出来，使你的思路清晰，灵魂得到彻底的净化，生命质量得到极大的提高和改善。

像蘑菇一样成长

一株蘑菇，它生长在阴暗的角落，得不到阳光，很是低调，但从没停止成长的脚步。当它长到足够高度的时候，就开始被人关注，此时，它自己已经能够接受阳光了。其实，蘑菇的成长过程，就是一个顺其自然的过程。它不苛求自己快点长大，不沮丧于当下的生活。作为年轻人，我们要想取得进步，也需要慢慢一步步地积累，切不可"揠苗助长"，最终将自己置于痛苦之中。

刚从重点大学毕业的小宁，在一家大型国企上班，主要负责财务管理方面的工作。他的工作自在而轻松，每天只是做做财务报表。

然而，小宁对这份工作并没有表现出热情来。他认为自己毕业于重点大学，满腹才华，做这个工作太委屈自己了。于是，他每天都在不停地抱怨，抱怨领导不识才，抱怨自己的怀才不遇。

有一天，小宁终于无法忍耐了，就到曾经的大学，请教当年的老师。当他说出了自己的郁闷后，老师笑着问他："小宁，你看我怎么样呢？"

小宁一愣说道："老师，你当然是厉害了，这没有什么疑问的。"

老师说："其实，我刚刚到这所学校时，也是一个辅导员罢了。在大学四年，知道辅导员是干什么的，那只不过是调理学生间的矛盾，也只是个打杂的，像教学之类的事情，根本轮不到我。"

小宁惊异地说道："可是，可是……"

老师挥了挥手，打断了他的疑问："后来，辅导员的工作，我一连做了三年。三年后，广告专业的艺术设计没有老师，我就顶了上去。在这个岗位上，我又干了三年。最后，我才升为如今的系主任。小宁，你明白吗，一切不可苛求，只需顺其自然即可，只要摆正自己的心态，你最终总会成功的！"

老师的话，让小宁思索了很久。从此之后，他不再抱怨工作的简单，而是认真、耐心地去学习，向他人请教。半年之后，因为他表现突出，成为公司的主管！

无论你是学校中的高才生或末等生，如果不懂得顺其自然的道理，那么不管你有多大的抱负，有多大的能力，最后只会以失败告终。

如果你刚从学校毕业，对于初出茅庐的你，走进社会的第一步就是学会抹去身上的棱角，别因为过去的辉煌自命不凡。事实上，无论你原来在学校多么优秀，在走进社会后，都只能也必须从最简单的事情做起。先做一株默默长大的蘑菇，等到一定的时日，等你也可以吸收到阳光雨露时，你才可能发现自己的价值。有了价值，你才可以争取你想要的所有权利，才能发挥自身的才能。

顺其自然，这是一个人生存于世的基本心态。无论对于工作、生活抑或爱情，总抱着一颗"一步登天"的心，那么你终将一无所获。

淡然——人生何必太强求

以坦然的心态迎接福祸

每个人的一生都免不了要经历"福"和"祸",这些都不是人生的终点,只是人生中的转折点。然而,从古至今,许多人都迷失在"福"与"祸"的纠葛之中,从而让心灵迷失。

一个真正富有智慧的人,绝不会因为得到而狂喜,也不会因为失去而沮丧。正所谓"不以物喜,不以己悲",范仲淹的这句话,是做人的大智慧。如果你能真正地做到这一点,就很容易能够收获人生路上的甜美的果实。

西晋有一位著名的将领叫石苞,深受当时的皇帝司马炎的宠爱,可谓"一人之下万人之上"。然而,他并不轻狂,以一颗平常之心面对这一切。那个时候,天下还未统一,吴国经常过来骚扰,因此司马炎便派他带兵镇守边防。

石苞尽管深受人们的爱戴,但是在官场之中,很多人想蓄意害他。一次,一位名叫王琛的官员就利用民间歌谣,悄悄地密报石苞背叛了晋朝,意图谋反。甚至,还有一位法师说:"东南方会有大将造反。"而当时的石苞就在东南方位,为此,晋武帝就开始怀疑石苞的忠诚了。

当时,荆州官员刚好也送来了吴国准备派大军进犯的报告,于是石苞就开始准备修筑防御工事,准备抗敌。石苞的这个行为,让司马炎认为是造反的苗头。于是,司马炎召见石苞的儿子石乔。石乔也是当朝的官员,然而他却没有面见皇上。顿时,司马炎大怒,便秘密派兵准备出兵讨伐石苞。

所有的这一切行为,让石苞蒙在鼓里,依旧准备应付吴国的进攻。当大兵杀近时,他还全然不知,不过他想:自己一向对朝廷忠心耿耿,皇上怎么会派兵征讨呢?这里面一定存在误会。

于是,他就采纳了部下的意见,立即放下武器,打开城门,没有做任何的反抗和反驳，只身来到都亭住下来，等候皇上的处理。大难临头之时，还能有这样的勇气和冷静并非是谁都能够做到的。

石苞的这个行为，让皇帝立即清醒过来。他想：指控石苞反叛的事情本来就没什么真凭实据。更何况石苞如果真要反叛朝廷，他已修筑好了防御的工事，大兵到来他早就反抗了，怎么会只身出城，坦然接受处罚呢？皇帝并不糊涂，经过仔细揣测，晋武帝完全打消了对石苞的怀疑。

在危机面前，石苞泰然处之的心态，让人佩服至极，也洗刷了他的冤屈。临危不惧，坦然面对危机，是一种大胸怀，它能让你走出危机，迎接新的光明。

只要你内心坦荡无私，能够冷静面对一切，总会云开雾散。同样，在"福至"的时候，石苞也没有狂妄，从而赢得了民心和皇帝的信任。

人总有得志之时，也有失意之时，我们只要坦然面对，万事随缘，淡定处理，一定能够应对人生中的波澜起伏。

我们的生活没那么糟

人生的天空时不时会飘过来几朵阴云，让本来美丽、快乐的生活充满忧伤，甚至痛苦。我们总会错误地认为，这些糟糕的状况足可以摧毁自己，殊不知，生活远没有你想象的那么糟糕。你之所以痛苦，是不知道世界上还有比你当下状况更不幸的人。

慈悲的佛陀，为了消除人间的各种疾苦，有一天他将世间自认为最为痛苦的一千个人聚集在一起，问他们："你们感到十分痛苦吗？"

每个人在人群中都争先恐后地说自己非常痛苦，希望佛陀能够消除自己的痛苦。

佛陀说："好！我知道你们都很痛苦，现在每个人都要将你们自己痛苦的事情写在纸条上，好让我明白！"

大家很快都写好了，佛陀又说："现在你们拿自己手中的纸条尽可能地与别人交换。"

一千个人在交换过别人的痛苦后，纷纷惊叫并急忙要回自己原来的痛苦。

你的处境远没有你想象的那么糟糕，世界上比你不幸、痛苦的人大有人在。所以，我们一定要摆正心态，乐观地看待你的生活。你所遇到的"大灾难"，在很多人看来只不过是生活中一片过往的阴云罢了，走过去，前面就是一片天。

很多时候，你的处境远没有你所想象的那么糟糕！生活中，多数人都认为别人比自己过得幸福，殊不知，你看到的仅仅只是表面现象。看到别人开香车，住豪宅，心里会不平衡，要知道，这是对方付出巨大的艰辛换来的；看他人事业有成，家庭幸福，心里会羡慕或者忌妒，殊不知，这都是对方努力的结果。一切随缘皆好，不比较，才能活出真滋味，才能活出属于自己的精彩来。

有时人需要停下匆忙的脚步，去欣赏自己拥有的。在这个世界上，幸福的人感受到的幸福是相同的，所以，我们维护好自己的幸福才是关键，拿自己的幸福去和别人攀比只能伤了自己，丢了自己所拥有的一切。

行到水穷处，坐看云起时

日常生活中的环境往往会有不尽如人意的时候，要想在不如意的环境中获得平静和快乐，关键在于你如何去面对逆境和不顺。当人力所不能改变的时候，与其忍受煎熬、怨天尤人，不如面对现实，随遇而安。"行到水穷处，坐看云起时"，因势利导，适应环境，从既有的条件中，尽自己最大的努力和智慧去发掘生命中的乐趣，从容地从不如意的环境中去发掘新的前进道路，才能够迎来柳暗花明的前景。

杰瑞生活在美国加州，有一次，他从偏远的农村搭车回城，在途中，因为车忽然抛锚而暂时回不了家。

那个时候正值夏季，午后的天气异常炎热，周围还没有任何可以乘凉的地方，遇到这种情境，实在让人着急。有些人会不停地抱怨着。

但是，杰瑞一看当时的情况，就知道，再着急也没用。只有耐心地等待车子修好才可以继续前行。他下车来询问司机，才知道，要修好车子得需要三四个小时。于是，他就独自步行到附近的一条河边游泳去了。

河边清静凉爽，风景宜人，在河中畅游之后，马上感到浑身的暑气全消。等他愉快地游泳回来后，车子已经修好了。他就坐上车趁着黄昏的晚风，直向城中驶进。

之后，他逢人便说："那是平生最为愉快的一次旅行！"

行到水穷处，坐看云起时。生命最大的乐趣，就在于要经历所有的顺境和逆境，在我们无力改变现实的时候，就一定要学会随遇而安，这样才能够充分地享受到人生的乐趣。

如果车子坏了，顶着烈日，一边不停地抱怨，一边着急，车子不仅不会提前一分钟修好，而且还会影响自己的情绪，那次旅行也许将会变成一次最为痛苦的旅行。

大文学家苏东坡一生都不停地在逆境中颠簸，他曾经多次被流放，可是，他说，要想心情愉快，只需要看到松柏与明月也就行了。何处无明月，何处无松柏。现实生活中，很多人之所以在逆境中抱怨不停，只是因为没有他那般的闲情与心情罢了。如果你能够做到随遇而安，不管在顺境还是逆境中，都能够及时地挖掘到隐藏在身边的趣闻乐事，甚至于去寻找苍穹中的闪耀星星，这样，即便环境没有任何改变，心境也会与以前大不一样了。如果当下，你也处于不尽如人意的环境中，那就开始学着"随遇而安"，捕捉掩藏在身边的幸福，并且从容地去发现崭新的道路，才能够好好地拥抱此刻，享受到生命每一分和每一秒的快乐与宁静。

苛求环境，不如适应环境

人生不如意之事十之八九，在遇到不如意的事情的时候，如果你一味地抱怨，任何环境不会因为你的抱怨而发生任何的改变。与其抱怨，不如用行动去改变，转换思维，并努力让自己适应环境，这样才能让你内心的不满都烟消云散。

很久之前，在非洲的一个极为贫穷的国家，人们都是赤着脚走路的。

一位国王看到人们都光着脚走路，因为地面崎岖不平，有很多荆棘和碎石头，把很多人的脚刺得血肉模糊。国王回到王宫以后，就将国内的所有道路都铺上一层牛皮，这样才能让人们免受刺痛之苦的折磨。

然而，国土太过辽阔，就算是将全国所有的牛都杀完，也筹不到足够的皮革，而其所花费的金钱、动用的人力，更是会不计其数。当地的人们尽管知道这件事情很难办到，而且还极为愚蠢，但是谁也不敢说什么来反抗国君的命令。

后来，有一位聪明的大臣大胆地向国君建议："国君啊，这个方法太不可行了。你把全国的牛都杀光了，人们用什么来耕种呢？再说花费那么多金钱，会使全国人民都陷入水深火热之中！您如果用两小片牛皮包住人的脚，那不是一切问题都解决了吗！"国君听了很是兴奋，当下领悟，于是就立即收回成命，采纳了大臣的这个建议。

在很多时候，苛求环境是不现实的事，环境是不可改变的，而能够改变的唯有自己。如果你对现在的生活环境感到不适应，千万不要抱怨，而是要首先改变自己，用爱心和智慧来面对一切，要努力适应环境，而不是让环境适应你。

在现实生活中，很多人在追求的过程中，总是喜欢给自己加上额外的负荷，不肯轻易改变自己，改变思维方式，最终浪费了很多时光与精力。

苛求环境，其实就是不能面对现实的表现。在追求的过程中，不让自己的身心太累，遇石就该拐弯，不能硬撞石头，将自己撞得粉身碎骨。避开了石头，自然也就避开了危险，就能达到成功的彼岸。

学会接受和"顺从"

随缘不是得过且过，因循苟且，而是尽人事听天命。就是说，随缘并不是一种消极的人生态度和生活状态，而是一种对生活的理智和清醒。它不是让人得过且过，混日子，不努力进取，而是尽人事，听天命。它是一种睿智的生活状态，要知道，生活中的很多事情并非人为就可以得到，就可以改变的。比如你的容貌，比如机遇，比如感情，等等。既然不能改变，那就学着接受它，不去过分地强求，这样才能够保持内心的平静，才能在沉稳之中看到希望的曙光！

有一天，海燕乘一辆出租车到车站，她因为星期天被上司派到外地出差而满脸的不高兴。但是一坐进车中，就听到司机在得意扬扬地吹口哨。海燕见司机如此快乐，如此乐观，就羡慕地问他："你今天心情不错嘛！"

司机微笑着说道："当然是的，我每天都是如此，没有什么事情能让我心情低落啊！"

淡然——人生何必太强求

海燕脸上露出了浅浅的一笑,问道:"难道生活中你就没遇到困难或者令你烦心的事情吗?"

司机接着说:"不幸的事情和困难经常会有的,但是我悟出了一个道理,凡事只要尽力而为,对于人力所不能左右的事情,你即便再急躁或情绪再低落,也无济于事!再说,暴躁或者低落的情绪对自己一点好处也没有,再说,多数情况下,只要你尽力了,老天总会帮你,让事情出现转机!"

听司机如此一说,便好奇地问道:"你怎么会有这种看法呢?"

司机缓缓地回答说:"有一天清晨,我照常开车出门,想赶着上班高峰时间多拉几个人,多赚点钱,但是情况却未如预期的顺利,因为车子没开出多久就爆胎了。当时天气极为寒冷,车子停在路边,我的心情也极为低落。接着,我无奈之下想换轮胎,发现没带工具。而且看到外面刮着大风,购买工具必须得跑很远的路程!"

司机故意停顿了一下,便接着说:"就在这个时候,有个路过的司机一问我的情况,便马上从车上跳下来,一言不发地拿着工具上前来帮助我。这位陌生的卡车司机很熟练地就把轮胎换好了。当我向对方表示感谢,想给他一些酬谢时,却见他轻轻地挥了挥手,立即跳上了车就离开了!"

司机笑着说,因为那个陌生人的帮忙,让我一整天的心情都大好,也让我相信,人不会永远都倒霉的。在轮胎问题解决后,我的心胸也顿时打开了,而好运似乎就跟着进了门,那天早上乘客一个接着一个,生意也比平时要多出一倍呢!所以,当遇到麻烦,我总是对自己说:不必再心烦了,一切都会好的。只要你用心做一件事情,生活就不会永远地停留在不如意之中。

听了司机的话,海燕的一切烦恼马上被抛到九霄云外去了!

接受现实是一种智慧的表现,是人生拼搏的另一种境界,它不是消极地承受,更不是放弃人生应有的追求,它是无为而有为,是成功者的另一种素养。

为此,在工作和生活中,我们要"随缘"而不是"攀缘",凡事切勿强求,在做事之时,要尽力而为,做到问心无愧。在事情过后,我们一定要检讨所失,但也不必为事情的成败或喜或忧。只有做到这些,才是真正的"随缘"!

在缺憾中收获圆满

这个世界本身是一个缺憾的世界,正是有了这样或者那样的缺憾,才呈现出五彩缤纷的色彩来。可以说,缺憾本身就是一种完美,为此,生活中我们无须刻意去追求圆满,这样才能收获精彩和圆满的人生。

从前,有一位国王有七个女儿。在她们很小的时候,国王就将她们看成是自己的掌上明珠。她们每个人都有一头乌黑美丽的头发,为此,国王就送给她们每个人10款一模一样的发卡,10个发卡是一套,只有将它们全部戴在头上,才能让她们变得更美丽、漂亮。

但是有一天早上,大公主醒来以后,一如既往地用发卡整理她的秀发,无意间却发现自己的发卡丢失了一个。于是,她就开始四处寻找,最终费了很多心思都没有找到。因为丢失了一个发卡,她害怕自己没有其他几位公主漂亮,于是,就偷偷地跑到二公主的房间,拿走了一个发卡。

等二公主起床以后,也发现自己少了一个发卡,也是因为她没找到便跑到三公主的房间中拿走了一个发卡;同样地,三公主发现自己少了一个发卡,就偷偷地跑到四公主的房间把一个发夹拿走;四公主则拿走了五公主的发卡;五公主一样也如发炮制地拿走了六公主的发卡;六公主则只好拿走了七公主的一个发卡。这样,七公主的10个发卡就只剩下9个了。

几天之后,邻国的一位英俊的王子忽然要来拜见国王,在闲聊

淡然——人生何必太强求

之中，就对国王说道："我养的白鹏鸟昨天叼回了一个极为美丽的发卡。我看了一下，想这一定是宫中哪位公主丢下的。而这也是一种极为奇妙的缘分，但是也不晓得是哪位公主掉了的发卡！"

国王拿起发卡仔细看了一下，发现的确是七位公主们的。于是，便将七个公主全部都叫过来。七位公主听到要见到英俊的王子，于是，就在心中想：那肯定是我掉的。但是她们每个人的头上都完整地别着10枚发卡，所以内心都极为懊恼自己的做法，但却又不能够说出来。而只有七公主出来说道："我少了一只发卡，就是这只。我都找遍了整个皇宫，就是没找到。"

这话刚刚说完，七公主因为少了一个发卡，漂亮的长头发就散落了下来。王子看了不由得看呆了，就决定娶七公主，两人从此过上了幸福和快乐的日子。

其实，故事中的10个发卡，就像是完美圆满的一生，七公主因为少了一个发卡，本来是一种缺憾，却成就了她幸运和快乐的一生，这何尝不是圆满的一生。

其实，生活中的很多事情都是如此：只有品味到分离的相思之苦，才能够领略到相聚以后的幸福的甜蜜；只有经历过被出卖的遗憾，才能体会到忠诚的可贵；只有品尝过失败的痛苦滋味，才能体会到成功的喜悦；只有遭遇过病魔的折磨，才能体会到健康对一个人的重要。在纷纷扰扰的世间，能够拥有幸福甜蜜，能够体会到忠诚，能够成功，能够健康地生活，不正是一种圆满吗？为此，生活中，我们无须去刻意追求圆满，因为圆满本身就是一种缺憾，凡事随缘就好，只有这样，才能留住生命中的美丽。有聚有散的爱情才是圆满的，有苦有甜的人生才是圆满的，任何事情只要存在或者发生了，就有一定的道理，都有它的圆满之处。只要你放平心态，以一颗平静的心去面对缺憾，才能体会到圆满。这种圆满则是超脱了现实的束缚，是个人心灵上的一种追求，也是一种对自己和对他人的宽容和大度。

第4章
笑看风雨，一蓑烟雨任平生

生命的道路曲曲折折，一路上有鲜花，也有荆棘，无论遇到什么样的艰难险阻，我们都不应该退缩逃避，因为挫折也是一种财富。让我们以微笑面对风雨吧，以快乐的心情生活，将一切磨难都看作是一种人生成长的常态，都是上苍赐予我们的最为珍贵的财富，让我们学会接受，学会乐观，学会豁达，这样才能更好地谱写我们精彩的人生乐章，才能让我们的人生更为光彩照人。

淡然——人生何必太强求

笑看风雨，淡然人生

人生光阴易逝。为此，一切都不必计较，不必在乎，我们只需心如止水，笑看人生之路上的风风雨雨，才能拥有淡然真切的一生。

有些人不择手段地争名夺利，尔虞我诈，又有多少人为情为欲，贪欢求爱，叛妻抛子，又有多少人为儿为孙，忙得筋疲力尽，浑身是病。有粮三千担，也是一日三餐，有钱千万贯也是黑白一天，住再豪华的别墅也是睡一榻间，所有的官位、荣华、富贵和脸面，终究不过是过眼云烟。

一位修身的弟子问禅师说："世间为何会有如此多的苦恼？"

禅师说道："只是因为世间凡人不识自我。"

"如何才能认清自我？"弟子再一次问道。

"人生有八苦，生、老、病、死、爱别离、怨长久、求不得、放不下，所有的烦恼皆源于这些。其实，这些都是过眼云烟，世间的人看不透，所以才会烦恼不断，痛苦不止！"禅师解释说。

弟子再一次问道："那如何才能化解痛苦和烦恼呢？"

禅师说道："笑着面对，看淡一切，不去埋怨，而且随时能做到随心、随性、随缘，就能抛弃苦恼，远离痛苦！"

凡事笑着面对，并且努力做到随心、随性、随缘，不苛求，就能远离痛苦和烦恼。

人生有三种境界：先是看远，才能够览万物于胸；再是看破，才能心态澄静；最后是看淡，才能够超然物外。笑看风雨，就是在看远，看破之后的淡然。淡然是人生的最高境界，是看透后不脱俗，看穿了不消极，看破了不遁世的表现。既然来此俗世一遭，必须要有滋有味地做一番俗人，人生所有的困难、挫折和痛苦都是不可避免的，切不可因此而徒留花开空对月，君却笑归红尘去。所有的挫折、困难都是必然要经受的，都会使你坚强，让你成熟，所有的挫折都会让你成长，使你的生命充满睿智。不经历风雨，哪能见到彩虹，不尝过人生百味，哪能够懂得人生的真谛。

　　人生如梦，岁月无情，人生只要看淡了，所有的磨难和挫折，都能化为动力；事业看透了不过是取舍而已；爱情看穿了不过是聚散；而生死看穿了不过是来去而已。任何事情都不必杞人忧天，庸人自扰。任何的争名夺利、明争暗斗，都是狭隘、斤斤计较的结果。不要再苦求着那一点毫无意义的名利，切莫再纠缠于那不属于自己的感情，不要再奢求住豪华别墅、吃山珍海味。衣食无忧、家庭和睦、身体健康才是最大的福气。在任何时候，最美的人生，都是那蓦然回首一笑置之的淡然！

用微笑迎接明天

　　世事无常，在追求和奋斗的过程中，所有的一切都不可能如你所愿。挫折、痛苦在所难免，如何才能让自己的生命在挫折和磨难中也能精彩十足呢？那就要时刻微笑，笑对人生。

　　要知道，夕阳逝去，会给人带来美丽的星夜；枯叶飘落，将会迎来晶莹的雪花。雪莱说："冬天到了，春天还会远吗？"其实，在很多时候，人生就像一面镜子，你对它笑，它就会对你笑。在逆境和黑暗来临的时候，我们需要的是勇气，更需要的是微笑。笑对人生，生活才能多姿多彩，明天才会光辉灿烂。

　　一位哲人说，经常微笑的人，运气不会很差。因为一个人的笑容就是他真诚的信使，他的笑容可以照亮所有看到他的人。微笑虽然

淡然——人生何必太强求

不是极难的事情，但是它却会给你带来震撼人心的力量。

有这样一个人，上帝给了他丑陋的相貌，他的身高仅有1.55米，在他三四十岁的时候，才开始推销保险。在他当保险推销员的前半年中，他没有为他所在的公司拉来一份保险单。

他没有钱租房，就经常睡在公园的长椅上面；他没有钱吃饭，就吃专供给流浪者吃的剩饭；他没钱坐车，就只好步行前往他要去的地方。上帝在给他苦难的同时，也给了他另一种财富，那就是经常微笑，自信乐观的性格。

他从来不觉得自己是个失败的人，至少从表面上没有觉得自己是个失败者。每当清晨从公园的长椅子上"起床"的时候，他就向每一位他所碰到的人微笑，不管对方是否在意或者回报他的微笑，他都不很在乎，而且他的微笑永远都是那样的由衷和真诚，看上去是那么精神抖擞、充满信心。后来，他就是凭借这张笑脸，成为日本历史上签下保单金额最多的保险推销员原一平。他的微笑也称为"全日本最自信的微笑""最有价值的笑容"。

微笑是最具力量的表情，它可以点亮天空，可以振作精神，可以改变你周围的气氛，更可以让微笑迎接明天！

还有一位成功人士曾道出他的成功秘诀："如果长相不好，就让自己有才气；如果才气也没有，那就总是微笑。"微笑不仅能够展示自己的自信，也传递了一种乐观积极的生活态度，它可以显示出一个人的思想、性格和感情。微笑是富有感染力的，一个微笑往往带来另一个微笑，能使双方得以沟通，建立友谊、融洽关系。这样，人与人之间的关系可能会单纯得多、轻松得多。

对敌手，微笑是一种大度；对伤害过自己的人，微笑是一种宽容；对陌生人，微笑是交流；对朋友，微笑是友谊；对亲人，微笑是挚爱……一路带着微笑走下去，心情，会因微笑而快乐；如果我们能够微笑，能够有安详平和的心境，那么不但我们自己身心受益，而且周围每个人都将受到感染和滋润。

微笑是一种美丽的表情，微笑的面孔永远年轻。微笑可以驱散心头淤积的悲伤与苦痛，他可以给疲惫者奋起前行的力量，可以给弱小者寒冬中的温暖……

一位名人说过："人的生命，似洪水在奔流，不遇着岛屿、暗礁，就难以激起美丽的浪花。"在生活中我们会面临各种各样的挑战，考试败北，伤心失落写在脸上，为什么不用笑容抹去眼角的泪水；失意苦恼时，心头一片愁云，为什么不用笑容驱走那一片阴霾。有言道："伟大的心胸应表现出这样的气概——用笑脸来迎接悲惨的厄运，用百倍的勇气来应付一切的不幸。"

生活中摸爬滚打的人们，即使前方有太多的坎坷，微笑着继续。我们将多一份坦然，少一些遗憾。用微笑去点缀今天，用微笑去照亮黑夜。也许此刻你正沐浴幸福或是遭受着不幸，是享有快乐健康，还是独受悲伤与痛苦。请记住，一切都会过去，让微笑迎接明天！

常常感恩，时时惜福

生活中，我们的心经常会被不良情绪所包裹着，总是忍不住会向周围的朋友抱怨：抱怨上司的苛刻，抱怨同事的刻薄，抱怨孩子不听话，抱怨家人不理解，抱怨工作不如意……周围的一切好像变得让人无法忍受，这主要是因为我们不懂得惜福，不懂得感恩。要知道，快乐不是因为得到的多，而是因为计较的少。如果我们不能够体会到自己已经拥有的幸福和快乐，心中只能够容得下私利，那么，尽管你自己拥有再多，也不会感到有丝毫的幸福和快乐。

天使来到人间，想给那些受苦受难的人带去欢乐和幸福。

这一天，天使来到田野间，遇到一位在田中耕田的农夫，农夫在

淡然——人生何必太强求

田中耕地很是辛苦，当他举头看到天使，便对他说道："我家的那头牛刚刚死去了，没有了它，我自然要比以前辛苦许多。"于是，天使马上就赐给他一头牛，农夫极为高兴，天使最终也在他身上找到了幸福和快乐。

又一天，天使又遇到了一位青年男子。这位男子的表情很是沮丧，天使问他原因，他说："我独自一个人来到城中闯荡，钱财全被人抢光了，现在又饥又饿，无法回乡。"天使听罢，就给了他一些银两做路费，男子十分高兴，天使也同样在他身上找到了快乐和幸福。

随后，天使又遇到了一位年轻的作家，作家英俊、潇洒，而且还有一位温柔的妻子，还有两个可爱的儿子，但是他每天却愁眉不展，过得很不快乐。

天使就问他："你看起来十分不快乐，我能够帮助你吗？"

作家就对天使说道："我什么都不缺，就缺一件东西，你能够满足我吗？"

天使回答说："可以，你缺少什么呢？"

作家内心充满希望地看着天使说："我缺少的是快乐！我的妻子尽管温柔，但是长得太过丑陋，而且我们没有共同的话题，每天都说不上几句话；我的儿子尽管可爱，但是太过调皮，每天让我无法安定下来去写作；我的邻居都是些爱说人长短的人，有事没事就爱揭人长短……周围的一切真是糟糕透了，我感受不到任何的快乐！"

如何才能给予他快乐呢？这可难坏了天使。一会儿，天使说："我明白了，你的所有要求，我都会满足你！"接下来，天使就将作家周围所有人都带走了，只剩他一个人孤零零地活在人间。

没有了亲人的牵挂，作家比以前更痛苦了。没有了儿子的欢闹，没有了妻子的温柔的安抚，邻居的欢笑……他觉得一切都失去了意义。正在准备死去的时候，天使又出现了，就将他的儿子、妻子和邻居全部归还了他。然后，就离开了。

半个月以后，天使再去看望作家，这次，作家使劲地抱着儿子，搂着妻子，不停地向天使道谢，因为他现在真正地得到快乐了。

每个人都生活在幸福和快乐之中！生活中，我们之所以会出现这样那样的烦恼和痛苦，是因为我们内心不懂得感恩，被过多的私欲所占有，不懂得珍惜自身所有的幸福。这个时候，如果你能够敞开心扉，用心去体会周遭的世界，周围人对我们的付出，你就会发现，一切事情都值得我们去感恩。没有阳光雨露，就没有明亮温馨的日子；没有水源，就不会有生命；没有春夏秋冬的转换，我们就体会不到色彩缤纷的世界；没有了亲情和爱情，我们只能体会到孤独和凄凉。总之，周围的一切给予我们太多的福祉，我们要用心去体会自己所拥有的一切，并常怀感恩，这样才能发现围绕在我们周围的幸福。

感恩是一剂能让人心情转好的良药，在很多时候，感恩的心能带给人们一种良好的人生感觉，能使我们感到愉悦的温暖。心存感恩，生活中才会少些怒气和烦恼；心存感恩，心灵才会感到宁静与安详；心存感恩，你才会敬畏地球上所有的生命，珍爱大自然的一切惠赐，才会时时感受生命的富有。

惜福能让我们珍视当下的一切，让我们的内心少一些欲望，少一些攀比，不放纵自己的欲望，学会知足常乐，让心灵时刻都能够保持淡定和从容。懂得惜福的人，知道幸福是来之不易的，又是极为短暂的，为此，他们会格外地珍视。因此，我们要懂得去惜福，这样才能以包容的心态去面对周围的人与事，才能真切地感受到生活中的幸福和快乐，才能活得更加洒脱与轻松。

别让痛苦伴人生

快乐是生命的内涵，痛苦、忧愁和烦恼却又无法回避。生活中，每个人都不可避免地会痛苦，会忧愁，会烦恼，这个时候，我们就要学会调整自己，千万别让痛苦伴随人生。

淡然——人生何必太强求

第二次世界大战期间，一位名叫伊莉沙白·唐莉的母亲，收到了一封从前线发来的电报，她唯一的独生子牺牲在了战场上。

儿子是她唯一的亲人，是他平生的依靠，也是她后半生的寄托。面对儿子的牺牲，她的精神几乎崩溃，她无法接受这个事实，觉得自己的整个天都塌了。

从此之后，她不知道活着的意义是什么，开始心灰意冷，痛不欲生，决定放弃工作，远离家乡，找一个没有人的地方了却自己的余生。

然而，就在她离开前，收拾行李的时候，突然发现了一封还未拆启的信件，那是她儿子在刚刚到达前线后写给她的。她激动地拆开信，看到这样的话："请妈妈放心，我永远都不会忘记你对我的教导。不论我在哪里，也不论遇到怎样的灾难，我们都要勇敢地面对眼前的生活，像真正的男子汉那样，用微笑去承担一切的不幸与痛苦。我将会永远以你为榜样，心中永远地保留着你的微笑。"

当她读完这封信，顿时热泪盈眶。然后，她下意识地将这封信读了一遍又一遍，似乎发现儿子就在她自己的身边，并且用那双炽热的眼睛望着她，并关切地问道："亲爱的妈妈，你为何不按照你教我的去做呢？"

就在这个时候，背井离乡离开人世间的念头一下从她脑中清除了，她就对自己说："我应该像儿子所说的那样，用微笑来填埋痛苦，继续快乐和自由地生活下去！我不能让我的人生在最后的几年被痛苦所埋葬！"

于是，伊莉沙白·唐莉就开始以新的姿态面对生活，并开始创作，最终成为美国有名的作家。

痛苦不是生命的本态，生活中，我们应该最大可能地追求快乐，而避免痛苦。不能让生命在痛苦的泥潭中不能自拔。如果我们遇到不可能改变的事实，我们就要向最好处去努力，这样才能无悔于生命；遇到不可能改变的事实，不管有多大的痛苦，都要选择用微笑去面对，这样才能让我们的生命焕发出丰富多姿的色彩。

让苦难散发出芬芳

苦难是人生不可或缺的内容，在你经历的时候，它虽然苦不堪言，但是，如果你能够直面苦难，便可以让苦难散发出芬芳来。

一位农民，在经历了人生的种种苦难之后，成为了著名的作家。

他曾经做过木匠，在建筑队里干过泥瓦工，收过破烂，卖过煤球，在感情方面受过欺骗，还打过一场三年之久的麻烦官司。然而，如今的他仍旧独自闯荡在一个又一个城市中，做着各种各样的活计，居无定所，四处飘荡，经济上又没有任何的保障。

他表面上看起来仍旧是个农民，但他与乡村中日出而作，日落而息的农民不同。因为他爱好文学，在耕作的同时，他几十年笔耕不辍，写下了许多优秀的文章和诗歌，他的杰作让所有的人都为之动容和感动。

一位记者曾这样问他："你如此复杂的人生经历如何写出这么多富有温情的佳作呢？在读你的作品的时候，很多人都认为这种文字只有初恋的人才能够写得出来。"

"那你认为我该写什么样的作品呢？是那种硬邦邦的，诉说人生苦难的作品吗？"他笑笑问道。

"起码应该比你现在的作品沉重一些才是！"记者打趣说。

他笑了笑说道："我是在农村长大的，农村人每家都有猪粪。小时候，每当我遇到别人挑粪往地里去的时候，我都会掩鼻而过。那个时候，我总是觉得奇怪极了，这么臭，这么脏的东西，怎么就能够让庄稼长得更为壮实呢？后来，经历了这么多的事情，我却发现自己所经历的苦难，正如粪和庄稼的关系一般。粪便是脏臭的，如果你将它一直储存在粪池中，它就会一直这么脏臭下去。但是一旦它遇到土地，情况就不一样了。对于一个人，苦难也是如此。如果你将苦难视为生命的苦难，那它就只是苦难。但是如果让它与你精神世界中最为广阔的那片土地去结合，它就会成为一种最为宝贵的营养，让你在苦难中如凤凰涅槃，体会到独特的甘甜和美好。"

这种质朴的话语，极为打动人心。土地得到了粪便的滋养，他的心灵在苦难中升华。他的文字那么明丽，充满深情真是"梅花香自苦寒来"。

事实就是如此，没有经历过几番风雨折磨的禾苗永远结不出饱满的果实，没有经历过挫折的雄鹰永远不能高飞，没有经历过磨难的士兵永远当上不元帅……这些就是自然界告诉我们的一个极为简单的真理：一切事物如果要变得更为坚强，就必须要经历一些不幸和困境，如果你能够以这样的眼光去看待苦难，你的苦难就转化为了芬芳。

让一寸阳光照亮人生

你对世界微笑，世界也会对你微笑，一切快乐忧伤皆于内心，内心多一份阳光，你的生活便会少一份忧伤。

史泰龙是世界顶尖的电影巨星，也许，很多人都不知道，他的成名之路是充满了坎坷和磨难的。

史泰龙从小就在一个不幸的家庭中长大，他的母亲是一个酒鬼，父亲是一个赌徒。这样的环境，让他很小就辍学回家，成为街头一个受人唾弃的小混混。

在史泰龙20岁的时候，他猛然醒悟，认为自己不能这样自暴自弃，内心总被黑暗所笼罩。否则，很可能会成为社会的垃圾，人类的渣滓，自己也会痛苦一生。为此，他决心要走一条与父母迥然不同的道路，阳光慢慢地照进了他的内心。

然而，他又能做什么呢？经过长时间的思索，他觉得自己找份理想工作是不可能的，一没有经验，二没有技术；经商，又没有本钱……最后，他想到了当演员——当演员不需要过去的清名，不需要文凭，更不需要本钱，而一旦成功，却可以过不一样的人生。但是他显然不太具备做演员的条件，没有"天赋"，没有接受过任何的专业培训。然而，他想这也许是自己今生唯一出头的机会，他对自己说：决不放弃！

于是，他就独自一人来到好莱坞，找明星，找导演，找制片……找一切可能使他成为演员的人。但是，最终却被拒绝了。面对这样的拒绝，他本该难过才是，但是，他却越挫越勇，没有因此而难过，更没有放弃。他认为，以自己的条件被拒绝也是极为正常的，就将每一次的失败当成是一次学习的机会吧！

随后，他又重新去找人……但是，很不幸，一晃两年过去了，身上的钱也花光了，只好在好莱坞做些粗重的零活，这两年来他遭到的拒绝有一千多次。随后，他又想出了一个"迂回前进"的思路：先写剧本，待剧本被导演看中后，再要求当演员。但当时的他已经不是一个门外汉了。

两年多的耳濡目染，每一次被拒绝后，都有专门的人对他口传心授一些做演员的心得，一次次的学习，一次次的进步，让他具备了写电影剧本的基础知识。

一年后，剧本写出来了，他又拿去拜访各位导演。但是，他又一次被拒绝了，他依然微笑着面对眼前的境况。最终他的精神终于被一位导演感动，就答应给他一次机会。为了这一刻，他已经做了三年多的准备，终于可以一试身手。机会来之不易，他自然竭尽全力，全身心地投入其中。最终获得了巨大的成功，他的演出创下了全美国

淡然——人生何必太强求

最高的收视纪录！

在遇到挫折和磨难的时候，史泰龙总能以积极的心态去面对，让内心始终充满阳光，这样才让自己后面的人生少了一些忧伤和痛苦。所以，我们要想在追求的道路上获得成功，也应该始终让内心充满阳光，以坦然和积极的心态去面对一切际遇。

生活中的所有挫折和磨难给我们带来了无数的忧伤和痛苦，然而，只要我们内心是充满阳光的，是积极乐观的，那么，一切的不幸和黑暗将很快被驱散。

生活就像剥洋葱

一位哲人说："生活就像剥洋葱，当我们在一片一片不停地剥开的过程中，会让我们流泪。"

有一个发生在美国一所大学的故事，让很多人都得到启发。

一位哲学教授，在快下课的时候，给同学们出了这样一个"难题"。他让一个女学生到讲台上写下最难以割舍的20个人的名字。

女学生照做，这20个人的名字有他的邻居、朋友和亲人，等等。

教授就说："请你划掉一个这里面你认为的最不重要的人。"

女学生就划掉了一个她邻居的名字。

教授说："请你再划掉一个。"

女生又划掉了一个她的同学。

教授又一次说："请你再划掉一个。"

女生就又划掉了一个。

……

最终，黑板上仅仅剩下3个人，有她的父母、丈夫和孩子。教室内非常平静，所有的同学已经知道，这确实是一道难题。

这位哲学教授最后再次平静地说:"请你再划掉一个。"

这位女生迟疑着,艰难地做着选择……她举起粉笔,划掉了父母的名字。

"请再划掉一个。"身边又一次传来了教授的声音。

这位女学生顿时惊呆了,用颤微微的手举起粉笔缓慢而坚决地又划掉了儿子的名字。紧接着,她就"哇"的一声哭了,样子非常痛苦。

哲学教授等她平静下来以后,就问道:"与你最亲近的人应该是你的父母和孩子,因为父母是养育你的人,孩子是你的亲生骨肉,而丈夫则是可以重新再找的,为何把丈夫作为你最难以割舍的人呢?"

同学便平静地回答说:"随着时间的推移,父母会先我们而去,孩子长大以后,肯定也会有自己的家庭,会离我而去,而真正陪伴我度过一生的只有我的丈夫。"

生活就有如此多的无奈,痛苦不可避免,一生中,总会有那些无可奈何的事情让我们落泪、难过。为此,我们要淡看人生路,笑对一切不幸际遇,糊涂看世,懂得尊重,学会放弃,珍惜人生,尽职尽责,这样才能让自己拥有和获得最完美的人生。

面对挫折,笑对人生

一位哲人说:"不能流泪,就选择微笑。"生活中,每个人都会遇到磨难与挫折,但是,要知道,磨难和挫折可以让你的内心变得更加坚强,正是因为这些磨难与挫折,才让自己在以后的日子中时刻以淡定的心态去面对一切。可以说,磨难与挫折是人生的宝贵财富,它能够磨炼我们的内心,我们应该勇于面对挫折,并微笑着去面对挫折,它使你变得强大,是你通向成功之路的必经之路。

淡然
——人生何必太强求

在美国加州一个大农场的山丘上面有一间特殊的房子，这所房子是完全用自然物质搭建的，里面不含任保有毒物质，就连里面的空气都是工作人员灌注的纯净氧气。这座房子的主人洛斯平时只能依靠传真与外界进行联络。那么，洛斯为何会过这种与普通人不同的生活呢？

那是20年前的一天，洛斯在拿起家中的杀虫剂灭虫的时候，忽然感到全身一阵痉挛。她原本以为那是身体暂时的一种症状，却不料，杀虫剂内的化学物质破坏了她全身的免疫系统。从此以后，她就对一切能散发出气味的东西，比如洗化用品，一些食物，就连空气都有可能会导致她患上支气管炎。这种疾病是多重化学物质过敏症，目前世界是无药可治的。

就在洛斯患病的几年之中，她连睡觉都在流口水，渐渐地连尿液也变成了绿色。身上的汗水与其他的排泄物还会不断地刺激她的背部，最终形成疤痕。

在那段时光，洛斯所承受的痛苦是我们常人难以想象的。但是为了继续生存下去，她的丈夫以钢与玻璃为材料，为她盖了一个"无毒"的空间，一个足以逃避所有外界有味物质威胁的"世外桃源"。洛斯日常所有吃的、喝的要经过仔细地选择与处理，她平时只能喝蒸馏水，并且吃的食物中也不能含有任何的化学成分。

在那个"世外桃源"中生活了8年，其间，洛斯没有见过一棵花草，从没听到过悠扬的声音，更感觉不到阳光、流水。她只能躲在无任何饰物的小屋里，饱受孤独之苦。她还不能放声地大哭，因为她的眼泪也和她的汗水一样，随时都有可能成为威胁她生命的"毒素"。

"不能痛哭，那就选择微笑吧！"坚强的洛斯这样对自己说。事已至此，自暴自弃和痛苦只能毁灭自己，生活在这个寂静的"无毒"世界里，洛斯却感到很充实。因为她不仅要与自己的精神抗争，还要与外界的一切有气味的物质相抗争。

十年后，洛斯在孤独中创立了"环境接触研究网"，主要致力于化学物质过敏症病变的研究。随后，她又与另一个组织合作，另创"化学伤害资讯网"，主要是倡导人们避免威胁。目前，这一家资讯网已经有5000多名来自30多个国家的会员，不仅每月都发行刊物，而且还得到美国国会、欧盟及联合国的大力支持。

不能流泪就选择微笑，看似是洛斯无奈的表白，实则是她在历经磨难后的坦然。你笑世界笑，快乐源于内心，你的态度决定了你的境遇，万念皆心生，心浮则气躁，心静则气平。像洛斯一样，能够接受一切，并且淡淡地对待一切，一切就风轻云淡了，看开了，谁的头顶都有一片蓝天，看淡了，谁的心中都有一片花海，这样，你自然就会迎来人生的另一方天地。

成功路上勇于挑战挫折

有句话说："挫折是成功的基石。"也就是说，要获得成功，就一定要经历挫折和磨难，这是必不可缺少的。然而，生活中却有很多人，总想绕道而行，想绕过所有的挫折，直达成功，殊不知，这是不可能的。上天不会刻意地去眷顾谁，也不会掉下馅饼来，只有经历挫折，才有可能取得成功，才能真切地体会到成功的意义。

一位刚刚毕业的大学生，在刚刚出校门的时候，就告别了亲人和朋友，独自踏上了寻求成功之路。

他独自一个人跋山涉水，历尽千辛万苦，身上的衣衫被路上的荆棘划破了，脚板也磨出了水泡。但他依然向着成功的方向。当他穿过一片森林，走到河边的时候，一个叫"挫折"的人挡住了他的去路并笑着说："……只要你想寻找成功，就必须从我这里经过，就必须经历挫折。"

"不行，"年轻人说。"我要的是成功，我不需要挫折。"于是，

淡然——人生何必太强求

他就绕道而行。他又翻了几座山，蹚过了无数条河，却始终没有找到成功，渐渐地灰心丧气起来。

有一天，年轻人在行路的过程中遇到一位智者，便问道："你知道成功在哪里吗？"智者沉思了一会儿，说："就在你先前在河流边遇到的那位叫'挫折'的人的前方，当时如果你能够穿越它，现在就已经找到了成功！谁知你却绕道而行，现在离通向成功的道路反而是越来越远了！你绕道而行，其实是在影响你的未来！"

人生其实没有什么弯路，每一步都是必须。在通往成功的道路上，挫折是必不可少的，你所追求的捷径或者绕道，只有使你远离成功！

其实，在任何时候，所谓的失败和挫折都并不可怕，它会教会我们如何寻求到经验与教训，是我们通向成功的必要的投资。为此，在前进的过程中，如果我们遇到了挫折，千万不要哀怨、痛苦，不要让自己沉浸在悲伤之中，只有正视挫折，接受挫折，以微笑面对挫折，最终方能战胜挫折。因为在很多时候，你所经历的挫折对你来说未必是件坏事情，很多时候，它是帮你在开掘你的未来！

对折磨过你的人心存感激

当我们在工作和生活中遭到他人的折磨的时候，都会无休止地抱怨，或者以牙还牙，给自己带来了莫名的痛苦。但是，你是否想过，正是这些折磨过你的人，让你获得了成长，正是因为他们的存在，才让我们的生命充满了机遇和挑战，充满了转折和收获。我们要对他们心存感激才是。

成功学大师卡耐基说："一个人在饱受折磨的背后隐藏着未来的成功，折磨也是人生所需要的，它和成功一样有价值。"是的，一个人任何的学习，都比不上一个人在受到屈辱和折磨中学得迅速、深刻和持久，因为它能够使人深刻地了解社会，接触现实，使一个人的能力得到提升和锻炼，从而使自己的成功之路走得更为顺畅。

杰克·费雷斯是美国独立企业联盟主席，可以说，他的成功与那些从小折磨过他的人是分不开的。

杰克从13岁就很想学修车，于是就在一家私人加油站工作。但是，店老板从不让他参与修车，而是让他打杂，接待顾客。

费雷斯后来回忆道："老板是一个极为苛刻的人，每次都不让人闲着。只要有车开进来，都会让我过去检查汽车的油量、蓄电池、传动带和水箱等。随后，还会让我帮助顾客去擦车身以及挡风玻璃上的污渍，真是烦透了……"

一段时间里，每周都有一位老太太开着她的车来清洗和打蜡。那个车的车内踏板凹得很深很难打扫，而且这位老太太极难说话。每次当费雷斯给她把车清洗好后，她都要再仔细检查一遍，让费雷斯重新打扫，直到清除掉车上的每一缕棉绒和灰尘，她才会满意。

终于有一次，小费雷斯忍无可忍，不愿意再侍候她了。店老板却在一旁厉声斥责他说："你不愿干就赶快给我滚蛋，这个月的报酬也别想要了！"听到这样斥责的话，小费雷斯内心很是痛苦，回家以后就将事情的原委告诉了父亲，父亲却笑着告诉他说："孩子，那本来是你的工作，不管老板说什么，你都应该把它做好才是啊！这会成为你以后人生的一笔财富，好好做吧！"

听了父亲的话，小费雷斯就端正了心态。在以后的日子中，不管老板如何斥责他，如何刁难他，他都会以微笑视之，并努力将事情做好。也就是几年以后，富雷斯终于凭借自己的各种洗车技术以及其在顾客中的良好表现，开了一家自己的店面，取得了最终的成功。

费雷斯的成功离不开折磨他的那些人。正所谓"吃一堑，长一智"，而那些让你"吃一堑"的人正是给了你一个客观的条件，你为什么对此不心存感激呢？学会感激那些折磨过你的人，注定了你与成功结缘。

在生活中，很多人都会有这样的感受：正是上司的一句斥责的话，让你萌生了要成功的念头；因为你的父母对你关心不够，所以就萌生了要去做番大事业的念头。心理学表明，当一个人受到的打击超过了你心灵所能够承受的限度的时候，就可以爆发出一种巨大的力量，而这股力量会驱使你不断奋进，要向他人证明，你能行，你能成功，你可以做出一点成绩来给他们看。

生活中，每个人难免都会受到折磨，而每一次折磨都代表你又要进步了，所以，我们要对那些折磨我们的人心存感激，因为他们让你能够时刻检讨自己，哪些地方做得不好，哪些地方需要改进，让自己变得更坚强、更优秀。如果说，对你好的人是在"帮助你成功"，那么，折磨你的人则是在"逼迫你成功"。为此，我们从现在起，就应该时刻对折磨你的人心存感激，只有这样，我们才能在折磨中体会到一种幸运和满足，才能使纷繁芜杂的世界变得更为鲜活、温馨和动人。

坦然面对厄运

每个人都渴望得到好运，都在热切地期待好运的降临，如果等不到，就会黯然伤神、灰心丧气；等到了，就会喜悦至极。这种不淡定的心态会让我们的生活充满不和谐的情愫，会扰乱我们平静的内心和安然的生活。

如果我们能换一种心态，平静地对待厄运和不幸，那么，当不幸来临时，就会有足够的准备去与之抗衡。

安妮是一位勇敢的母亲，她有一个可爱的儿子，可不幸的是，他的儿子在一岁的时候，患上了死亡率较高的癌症。她自己也明白，与儿子同病的儿童，是没有活过六岁的。为了让儿子得到有效的放射性治疗，他每次都将儿子抱在怀里接受射线治疗。医生曾经劝她说，这种放射性治疗对正常人的身体伤害是极大的，有可能也会让她患病。

然而，这位发疯似的母亲，仍然坚持着。不幸的是，他的儿子在不到四岁的时候，就离开了她。因为她每时每刻都在等待死神的降临，所以，当失去儿子的时候，她并没有手忙脚乱，相反，她却心如止水般平静。从此之后，她也如同治疗感冒那样接受治疗癌症。就这样，她与厄运抗衡了16年，直到如今，80多岁的她仍旧在平静面对一切。

生活中，很少有人像安妮这种"等待"厄运的。我们通常等待的是朋友、幸福、快乐、好运，因为有充分的心理准备，所以会平静地与之抗衡；如果等不到，那便会是一种幸运。这份从容，这份淡定，让生命变得优雅、平静。

生老病死的自然规律是任何人都无法抗拒的，既然逃不脱，那就从容面对，坦然面对，在它还未降临的时候，就做足充分的准备，将这种旁人看起来是复杂的事情简单化，这样处理起来就会得心应手，有条不紊。在等待的过程中，我们也要精彩地活着，从容地老去，即便是流星，也要以优雅的姿态划过岁月的长河。留一份淡定和从容，用心底满满的安心与笃定笑看人生。

淡然——人生何必太强求

让缺憾化腐朽为神奇

生命中，我们总要面对种种的不如意，或者容貌平凡，或者智力平平，或者是天生的残障人士，我们要做的就是要高高地昂起自己的头颅，设法去弥补自己的弱点和不足，变不如意为如意，化腐朽为神奇。

有一个10岁的小男孩，在一次车祸中不幸失去了左臂，但是他很想学柔道。于是小男孩拜一位日本柔道大师做了师傅，开始学习柔道。

他学得不错，可是练了3个月，师傅只教了他一招，小男孩有点弄不懂了。

一天，他终于忍不住问师傅："我是不是应该再学学其他招？"

师傅回答说："不错，你的确只会一招，但你只需要这一招就够了。"

小男孩并不是很明白，但他很相信师傅，于是就继续照着练了下去。

几个月后，师傅第一次带小男孩去参加比赛。小男孩自己都没有想到居然轻轻松松地赢了前两轮。第三轮稍微有点艰难，但是对手还是很快变得有些急躁，连连进攻，小男孩敏捷地展出自己的那一招，又赢了。就这样小男孩顺利地进入了决赛。

决赛的对手比小男孩高大，强壮许多，也似乎更有经验。小男孩显得有点招架不住，裁判担心小男孩会受伤，就叫了暂停，还打算就此终止比赛。

然而师傅不答应，坚持说："继续下去。"

比赛重新开始后，对手放松了警惕，小男孩开始使出他的那一招，制伏了对手，由此赢得了比赛，得了冠军。

回家的路上，小男孩和师傅一起回顾每场比赛的每一个细节。

小男孩鼓起勇气道出了心里的疑问："师傅，我怎么就凭着一招就赢得了冠军？"

师傅答道："据我所知，对付这一招唯一的办法是对手抓住你的左臂。而你认识到了你的优势，你才赢得了这次比赛！"

歌德曾经说过："每个人都有与生俱来的天分，当这些天分得到充分发挥时，自然能够为他带来极致的快乐。"对于有残障的人来说，如果你能够转变心态，那么，就完全可以利用自身的劣势转化为优势，获得最终的成功。

这让我们想到了坐在轮椅上却不断地思考着生命真谛，将一部部好的作品呈现给世人的著名作家史铁生；也让我们想到了身处无声世界却把最美丽的舞姿呈现给全世界的著名的舞蹈家邰丽华；想到了那个永远也不能站在赛场上却用微笑征服了全世界的运动员桑兰；也让我们想到了只有两根手指头却将自己的思维触向了遥远的宇宙的著名物理学家霍金。他们的人生都是不如意的，但是他们却可以转变心态，笑看风雨，用信念、毅力、执著与乐观变人生的不如意为大如意。而平凡中的我们，面对生活中的一点点的挫折，又该做出什么样的行动呢？

无奈人生也精彩

每个人的生命都充满了太多的无奈：失去是无奈、错过是无奈、思念是无奈、后悔是无奈、生死离别也是无奈……总之，我们对生活或事物产生的一种无可奈何、无计可施的态度，都是无奈。无奈的痛苦，或许不如伤痛来得直接，但却是深刻的，让人无法忘记的！我们苦笑着、挣扎着，却发现一切只是蚍蜉撼树——徒劳无功。于是，我们就难免开始对自身产生怀疑，更清醒、更深刻地认识到自己的渺

淡然——人生何必太强求

小，发现我们并不能左右和驾驭世界上的一切事物。

哪个生命总是充满鲜花和掌声的，哪个生命又总是一帆风顺的？既然不能左右一切，那就让我们看淡一切吧，尽人事，听天命，这样才能让生命承受重负的同时，活出自己的真色彩来。

许多人也许不知道，美国第32任总统罗斯福，天生口吃，说话断断续续含糊不清，而且生性懦弱，在公共场合讲话就极容易紧张。而且只要有人与他讲话，他就会表现出惊恐的表情，甚至身上还会发抖。

很多像他这样的小朋友，多数都会拒绝参加各种公开活动，也会变得孤独离群，可能会顾影自怜，唉声叹气。然而，小罗斯福却并没有这么做，虽然他天生容易紧张，但是他却能够积极地面对人群，即便是同伴们嘲笑他，他也会不以为然。每一次在紧张的时候，他会坚定地说道："只要我用力咬紧牙关，努力不颤动，不久我就能克服紧张的情绪了！"

就这样，幼小的罗斯福，每天总能够坚定地告诉自己说："这些缺陷算不了什么，咬咬牙就努力克服掉了，就能收获生命的精彩！"每当看到其他的小朋友活力十足地参与各种公共活动时，他都要强迫自己参加，无论自己的口吃会招致多少人的反感！当恐惧产生时，他都会对自己说："我一定能行！"渐渐地，他克服了自己的这些生理缺陷，并且凭着他对自己的这种奋斗精神与自信，最终成为美国历史上伟大的人物。

面对缺陷和无奈，罗斯福并没有让自己陷入哀怨之中，而是尽自己最大的努力，最终收获了成功和快乐的阳光。为此，在任何时候，面对再多的无奈，我们都无须自暴自弃、悲观厌世，因为除了你自己，没有人会刻意注意你的无奈的事情，只要让心中充满自信，一样能够获得精神上的自由与快乐。

其实，生命中如果没有黑夜，我们就无法看到漫天的星辰；没有缺陷，生命就没有前进的动力；没有离别的伤痛，就没有相逢的喜悦。很多事情在无奈之余，还有许多值得我们珍视的东西，只要我们换个角度去看待，去前进，生命就没有缺憾，就没有无奈。

总之，在面对生活中一些我们根本无法改变的无奈，我们一定要大度一些，坦然地去面对，和善地去对待周围的每个人，幸福地过好每一天，愉快地度过每一个小时，把开心融入分分秒秒之中，要精心经营好自己的田园宝地，这样你的生命就不会有太多的遗憾和伤痛。

无法改变环境可以改变自己

现实生活中的每个人都有权利选择自己的生存环境，你可以选择屈服于环境，也可以在恶劣环境的考验之下变得更为坚强。反过来说，你可以选择改变环境，让环境随你而改变。改变环境还是改变自己？这一切都由你个人的心态而定。

一位年轻人毕业之后，在找工作的过程中，几次挫折之后，心灰意冷。从此，他就不停地向周围的朋友抱怨生活的艰辛，觉得自己的一生很可能要在颓废中度过了。

他去大学找他的老师，说："现实社会真是太残酷了，我根本不知如何应付当下的生活，对一切都很迷茫，觉得生活和学习的压力已经超过了自己所承受的极限了。"

老师就笑而不语，将他带进厨房之中，分别往两口锅中倒了一些水，然后就将它们放在旺火上烧，同时又放入一个鸡蛋和一根胡萝卜。然后再盖上锅盖开始不停地煮。年轻人很是不明白对方的意思，心中很是纳闷。

半个小时之后，老师将火全部关掉了。就将胡萝卜、鸡蛋捞出来

淡然——人生何必太强求

放在一个盘子中。然后微笑着转过身对年轻人说:"你刚才看到了什么?"

"一根胡萝卜和一个鸡蛋啊。"年轻人平静地回答道。

老师让年轻人用手摸摸它们,年轻人就试着做了。

老师接着说,胡萝卜本来是坚硬的,但是被开水煮过之后,却变软,变弱了;而鸡蛋本来是最容易碎的,它薄薄的外壳保护着它呈液体的内脏,但是经水一煮,它的内脏变硬了,变得更坚强了。同样的环境中,有的人能被环境磨砺得更坚强,而有的人则是被环境打败,变得软弱不堪。在现实中,你该如何选择,就要看你了。

每个人的生命都是大海中的一叶扁舟,在行驶的过程中,并不能够一帆风顺,都会遇到这样或者那样的困难。在困难面前,每个人都有权利决定自己的前途和态度,比如你可以学胡萝卜,在恶劣的环境中被环境所打败;也可以学鸡蛋,在恶劣的环境中变得坚强。处于什么样的环境并不重要,重要的是你自身的选择。在很多情况下,如果你实在无法左右环境,那就试着改变自己,而不是一味地抱怨,吐苦水,这样只会让你成为令人讨厌的"怨妇"。

漫漫人生之路,每个人都要与周围的环境融为一体,都要在环境中活出自己的色彩。然而,当我们不能适应环境的时候,与其苛求环境,不如试着去改变自己吧。只有这样,才能让自己的人生充满精彩,才能将自身的价值得到最大的体现。如果你一味地去苛求环境,或者想通过改变境遇来改变自己,很多时候,那只是劳心费神,而又是徒劳无益的事情。

阳光依然灿烂

在奋斗的过程中,每个人都不可避免会遇到失败,于是沮丧、痛苦难免会缠绕着自己。这个时候,我们要告诉自己:失败也是一种动力,失败面前不气馁。

一位刚刚18岁的年轻人走出校门后就开始创业,他从摆地摊做起,一点点地积累,一步步地拼搏,经过10年的摸爬滚打,吃尽了苦头,终于成为一个拥有上千万资产的老板。

但是,因为他的一次失误的决策,让公司面临倒闭的风险。最终,公司被迫破产开始还债,就将房子抵押给了别人,汽车也被人家开走了,而且还欠他人很多的债务。一夜之间,他从一个富豪变成了街头的流浪汉。

从无到有的喜悦谁都能够领受,但是,从高处跌到低处的痛苦却不是每个人都能够承受得起的。

突如其来的打击让这位年轻人痛苦不堪,他无法面对残酷的现实。他心如死灰般地对朋友说:"这次彻底失败了,我只有一条路可走,那就是死亡。"

朋友说:"10年之前你有很多路可以走,现在也有很多路,没有人能够原谅你,任何人都不会同情一个懦夫!好好振作起来好吗?你应该明白的,只有奋斗过的人才会有失败,那些没有失败的人,是因为他们没有奋斗过啊!你已经拥有了别人所不曾拥有过的,你为什么要悲伤?你该欢喜才是。来,起来,我们出去看看,10年来阳光一直照耀在你的头上,现在也依然灿烂,如果阳光没有改变,你为什么要改变。"

听了这番话,年轻人眼睛一下子亮了起来,在床上躺了很久。有一天,他打开窗,阳光照在他的脸上,他突然跑进阳光里,大声地喊

淡然——人生何必太强求

道："阳光没有变，阳光依然灿烂！"

从此，他就不再哀怨，不再痛苦，开始了新的人生征程。

是的，阳光没有改变，我们的内心为何要改变呢？你已经奋斗过了，拥有了别人所不曾拥有过的，偶尔的一次失败，为什么要改变自己！要知道，在奋斗之始，你也是什么也没有，失败了，只是意味着你又回到了从前，你并没有损失什么，相反，你还得到了别人所没有的人生辉煌和奋斗的激情。

在奋斗的过程中，永远记住，照在我们头上的阳光没有改变，它依然灿烂，我们也应该一如既往地走好自己的路才是！

第5章 顺势而为，行看流水坐看云

人生一切际遇，都可以归结为一个『势』上。生命中，很多事情不是人能够凭自己的意愿去改变的，要顺应事情本身的发展方向来做事，不必强行去改变，才能享受到『行看流水坐看云』的惬意。凡事不可强求，只有一颗明亮的心，才能参悟人生，才能看得清、瞅得准，才会知晓大的方向，大的趋势，才能顺应世事，才能做出一番大成就，才能通向更光明的未来。

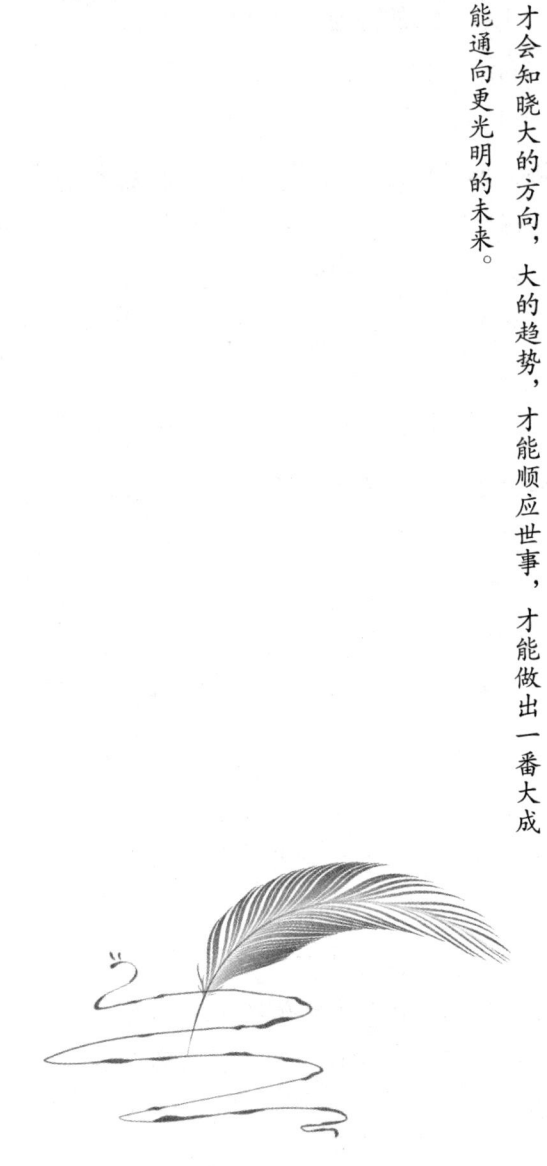

简化日程表，给心灵放个假

随着当下社会竞争的日益激烈，人们的生活节奏也越来越快，很多人都被满满的"日程表"牵着走。这些日程表上面，写满了每天自己必须要做的事情，它占据了我们生活的中心。当我们把主要事情做完，想松懈一下时，却又被无休止的电视、网络游戏以及娱乐活动所占据。很多人觉得自己活得越来越压抑，越来越找不到自己心灵的空间。与其这样苦苦地折磨自己，不如随意一些，将这些"日程表"进行简单化，适度地给自己的心灵放个假。

艾琳·詹姆丝是美国著名的作家，她一生在倡导过一种简约的生活。她认为人只有过简约的生活才能活出生命的真色彩来。

其实，艾琳·詹姆丝在年轻的时候，只是一个投资人兼一个地产公司的投资顾问。这两种工作每天都使她陷入忙碌之中，乱七八糟的事情塞满了她的每一天。在这种生活持续了几十年以后，突然有一天，她觉得她再也无法忍受了。那一天，她呆呆在静坐在自己的办公室中，望着眼前写得密密麻麻的事宜和日程安排表，她突然觉得这是一种最为愚蠢的生活状态。

也就是在这个时候，她最终做出了一个决定：简化日程表，给心灵放个长期的假。

接下来，她就拿起日程表，把里面原本的八十多项内容，简化为十多项。她取消了当日所有的电话预约，并将堆积在办公桌上所有的文件全部清理掉，就连信用卡，她也几乎全部注消掉了，为的是不让无休止的银行账单函件来打扰自己。

就这样,她通过改变自己的日常生活与工作习惯,使她的房间以及庭院的草坪变得更加简约、整洁。简化之后,艾琳·詹姆丝得到了更多的空闲的时间,心灵也得到了休整,整个人顿时变得快乐了起来。

艾琳·詹姆丝曾经在自己的作品中这样说道:"我们的生活已经太过复杂了。在人类的历史进程中,从来没有如我们今天这个时代拥有如此多的东西。这些年来,我们一直被外在的物欲诱导着,我们误以为自己只要努力就一定会拥有一切东西,但是,这些东西事实上却让我们沉湎其中并且心烦意乱,因为它们让我们失去了创造力。与其这样忍受折磨,不如舍弃这些东西,给自己的心灵多腾出时间来放松,这样才能使我们的创造力永远旺盛。"

现代社会中,又有多少人被这无休止的日程表所包裹着压得喘不过气来。现在你也完全可以反思一下自己:在你每一天的生活安排中,哪一件事情是必须要勉强去做的?哪些是生命中无须去追求的?追求外在的面子和烦琐的例行公事是否让你的生活也陷入浪费时间、浪费精力的陷阱中呢?其实,如果我们能够及时减少那些程式化的工作或日常活动,并不会因此而减少让自己获得快乐的机会,因为我们的内心已经养成了一种忙碌的习惯,习惯会使我们的内心无法平静。

在生命的每一天,习惯会促使我们去处理所有烦琐的事情。我们总是担心,如果不去做,就一定会失去什么。其实,如果简化自己的日程表,我们的确会失去什么,但是这并不能影响到你生命的精彩。我们至少还可以好好地活着,不仅是好好地活着,而且还是活得更潇洒更惬意了,因为我们再也不用枉费心机去处理所有的事情。那些对人类艺术领域作出过特殊贡献的人,比如毕加索、梵高、贝多芬,等等,都是生活在极为简单的生活状态之中的。也正是极为简单的生活状态让他们能够静下心来挖掘到灵魂深入的创造源泉,才让

淡然——人生何必太强求

他们获得了极为丰富和精彩的人生。

生活中，如果你时常感到心累，那从现在开始就学着去清醒，勇于简化繁忙的日程安排，放下该放下的，让自己的心静下来。久而久之，养成习惯，你就能收获快乐惬意的人生。当然，你还可以适当地种点花草，读点诗书，画幅画，写写文章，让自己的心灵充分地享受生活的阳光雨露，那么，你定会收获精彩的人生。

生命在平淡中延续

生命都是在平淡中诞生的，也是在平淡中延续的。但谁也无法否定，劳动也能够延长生命，创造生命的奇迹，尽管劳动本身并无特别。

有一位70多岁的老人，因为年老患了白内障，多次手术都未能治愈。从她双眼失明的那天起，她每天的情绪就极为低落，曾经多次想自杀，因为她觉得自己已经成为一个无用的人。

她每天都在烦躁和悲观中度过，甚至发呆不与任何人讲话，也不吃饭。他的儿子们都很焦急，不知如何安慰她。

儿女们为了改变她烦躁的心情，给她买收音机，带她去公园，陪她说话……但是，这都没能够打消她悲观的态度。

就这样，也许在黑暗中待得太久了，也许寂寞本身也是一剂良药。有一天，当儿女们都不在家的时候，她一个人在家摸索着剥了一小筐花生米。再有一天，她又把家里的马桶清洗得干干净净。儿女们回到家中，见老太太不再那么消极了，嘴角总是挂着不逝的微笑，这让家里所有的人都很惊喜。

就这样，儿女们每天就给她找活干，干完以后，大家都还会夸赞她一番。在接下去的日子中，她刷过鞋，洗过衣服，整理过每个人的房间，甚至还会上街买些菜回来，一个人在家摸索着为大家做一些可口的饭菜。老人的日子过得忙碌而喜悦，她终于发现，她不是一个无用的人，她还能够做很多事情。

就这样，在平凡的劳动中，她一直活到了105岁才去世，整整在黑暗中活了30多年，直到她去世的前一天，她还在剥花生米，她除了眼睛之外，没有患过任何病，是无疾而终的。

平淡的劳动能够创造生命的奇迹，能让生命延长。

普劳图斯曾说，泰然自若是应付困境的最好办法。其实，人在身处困境时，适应环境的能力最为惊人，因为身处困境的人可以忍受不幸，也可以战胜不幸，因为，身处困境的人深知只要冷静从容地面对困境，就一定可以渡过难关，让你的生命在波澜不惊中活出精彩来。

用乐观的心境面对环境

柏拉图说："决定一个人心情的，不在于环境，而在于心境。"一个乐观的人，不管在什么样的环境中，都能顺势而为，乐观面对，看到其中蕴涵的美好的一面；而相反，一个悲观的人，无论处于什么样的环境中，都悲观失望，闷闷不乐。

一位生性乐观的人在单身的时候，与几位朋友一同挤在一间仅有七八平方米的小房子中，里面几乎看不到阳光。但是他总是乐呵呵地，朋友说他："那么多人挤在一起，有什么值得你高兴的？"他说道："朋友们住在一起，随时可以交流思想、交流感情，难道这不是值得高兴的事情吗？"

一段时间之后，所有的朋友都成了家，先后搬了出去，屋内只剩他一个人孤零零的，但是他却仍旧每天都乐呵呵的。又有朋友问他："你一个人孤孤单单的，有什么值得你高兴的？"他笑呵呵地说："我有很多书哇，每本书籍都是我的老师，每天和这些老师在一起，学到很多东西，难道不是令人高兴的事情吗？"

几年以后，他成了家，搬进了大楼中，住在一层，仍然是一副快乐的样子。有人问他："你住在一楼，那么阴暗潮湿，有什么值得高兴的？"他却说："一楼太好了，进门就是家，搬东西很是方便，朋友来拜访也很方便，而且，在这些空地上可以种花种草，比那些住在楼上的人有趣多了。"

又过了一年，他把一层让给一位全身瘫痪的病人住，自己搬进了楼房的最高层。但是他仍旧是快快乐乐的。朋友问他："你住楼顶那么不方便，有什么可乐的呢？"他说道："有很多好处呢！每天上下楼几次，十分有利于身体的健康；每天看书、写文章，光线很好；没有人在头顶上干扰，白天黑夜都十分安静。"

乐观的人不管处于什么样的环境，都能顺势而为，看到积极阳光的事物；无论在什么样的情况下，即便再差也能保持良好的心态，也会相信坏的事情会过去，相信阳光总会再来的心境。

其实乐观就是一种心境，它和得失成败无关、生命的形式也无关，它没有量化标准。拥有好的心境。让自己保持着这种满足、乐观和豁达，快乐就将会永远围绕在你身边。

爱是无法强求的

每个人都渴望在年轻的时候能拥有十分美好的爱情，于是，就去过分地苛求，看到喜欢的人穷追不舍。其实，爱情很多时候是让人费解的，无缘的人，即便有再多的诱惑也难以让人接受，但是与自己爱的人在一起，却不需要太多的理由。

婷是一个长得很标致的女孩子，凡是见过她的人，都被她的容貌所吸引。因为长得漂亮，所以很多男孩都不敢轻易追求她，他们都认为自己配不上她。

但是却只有一个男孩子大胆地向婷发出约会邀请。婷只好准时赴约，因为她想给对方面子，不想伤害对方。

这位男孩对婷说道："你嫁给我吧，我一定会让你幸福一生的。"

婷心里并不喜欢这个男孩子，想了想，就微笑着对对方说："你有别墅吗？"

"没有。"男孩惭愧地答道。

"你有轿车吗？"女孩又一次问道。

"没有。"男孩子低下了头，低声说。

"你有让我一辈子都无忧无虑的存款吗？"

"没有。"男孩摇了摇头，惭愧地离开了。

从此之后，这位男孩很是上进，奋力拼搏，为了只是能配得上婷。经过几年的打拼，他终于有了自己的公司和别墅，也有了一笔巨额的存款。当他兴冲冲地再次找到婷时，婷的身边已经有了另一个陪伴她的男人。这位男人只是一个普通的职员。男孩对婷说："你现在可以跟我走了，我可以给你住豪华的别墅。"

婷却对他说："我住在别墅里会很寂寞！"

男孩又说："我给你配备豪华小车！"

"那样我会失去步行走路锻炼身体的机会。"婷说。

"我给你一笔巨款，你想怎么花就怎么花！"男孩子干脆这样说道。

"如果我有太多的钱，我会感到不安的……"

男孩终于彻底失望了，说："这几年我的努力白费了，我拥有这些有什么用呢？"而婷却淡然地对他说："你拥有了这一切，还害怕找不到自己喜欢的女孩子吗？"

男孩子终于明白了，爱是无法强求的。

淡然——人生何必太强求

爱情是一种奇妙的东西，只要缘分来了，感觉对了，不需要任何的理由。如果没缘分，没感觉，再强求也是白费力气。为此，对待爱情，我们切不可过分地强求，一切顺势而为，随性随缘，才能让爱情之花美丽而长久。

没有什么不可坦然

在这个世界上，没有什么事情不能够坦然，关键要看你以怎样的心态面对。对于所失，要及时调整心态，面对现实，认真分析形势，以求进一步的得到。面对缺憾，要看到缺憾中蕴藏的完美，任何事物都有两面性，我们切不可只看到"缺失"的一面，让自己耿耿于怀，不能自拔，这样只会让我们与快乐无缘。

在任何时候，在任何情况下，我们都要学着以理性、乐观的心态去看待事物的发展，这样不仅可以让自己获得平静，也可以让自己赢得"快乐的人生"。

一年一度的征兵活动开始了，刚刚走出大学校门的迈克就在应征之中。听到这个消息之后，他每天的心情都很郁闷。

爸爸看到了他郁郁寡欢的样子，就决定和他聊聊天。于是，就对迈克说："孩子啊，其实，你没必要这么忧虑。到了部队以后，你会有两个机会，一个是留在后勤部门工作，一个是被分配到外勤部门。要知道，如果你被分配到内勤部门，你现在的担心完全就是多余的，那些工作是很轻松的。"

爸爸的话，并没有让迈克有一丝的放松，他说："要去哪个部门不是自己决定的，如果被分配到外勤部门呢？"

爸爸听了，笑了笑，说："那也没关系啊。即便你到了外勤部门，你还是有两个选择，一个是留在美国本土，另一个是分配到国外的军事基地。如果你被分配到美国本土，那么，你就完全不用担心了。"

迈克又紧张地说道："那要是被分配到国外的军事基地呢？"

"如果这样，你还可有两个机会。第一个是被分配到和平而友善的国家；第二个，你被分配到海湾地区。如果是前者，那么你就什么事情都不会有。"

迈克着急地说："可是，我要是真的去海湾了呢？那我不就完蛋了吗？"

"这怎么可能？如果你留在总部，而不是上前线，那么也不会有事。"爸爸轻松地说道。

"那我要是上前线了，这该怎么办？假设我还受了伤，那我以后该怎么生活？"迈克又是紧张地问。

"受伤也分程度的。也许你只是轻伤，根本无碍的。"爸爸说。

迈克还是不满意，说："那要是不幸身负重伤呢？"

"那很简单，要么保全性命，要么救治无效。如果还能保全性命，还担心什么呢？"爸爸安慰道。

迈克最后问道："天啊，要是救治无效，那我该怎么办啊！"

爸爸听完，大笑着说："这更简单了。你人都死了，还有什么可担心的呢？"

听了迈克爸爸的分析，你就知道，世界上根本没有绝对的事情，也没有什么不可坦然的事情。迈克爸爸的话，让我们明白这样一个道理：在漫漫人生道路上，无论遇到什么样的际遇，我们都会有两个选择，一个是好机会，一个是坏机会。好机会中蕴涵着坏机会，坏机会中蕴涵着好机会。问题的关键是我们以什么样的眼光、什么样的心态、什么样的视觉来对待它。

人生在世，得失是人之常理，也是自然规律，我们不必耿耿于怀，不能坦然。你要知道，有失就必有得，你失去了权位和利益，却能得到平静、快乐的生活。失去不可挽回，但是开心却是自己可以去

第 5 章 顺势而为，行看流水坐看云

109

把握的，为此，我们在功名利禄方面的得失，更应该坦然一些，豁达一些，千万不可太介意，太看重，毕竟快乐才是人生的真谛。

坚持做自己

在日常生活中，很多人总是习惯与他人进行攀比，与别人比拥有财富的多寡，过日子是否过得幸福舒心。心理学家指出，一个人在与其他人进行比较的时候，会不自觉地贬低自己所拥有的，无法欣赏和满足自身的"财富"，这样会让人产生一种失落感。如此，很容易就将快乐和幸福弄丢了。其实，只要仔细用心去感受，世界上最精彩的生活就握在自己的手中。

在生活中，越攀比，你的快乐和幸福就流逝得越快。所以，从现在开始就摆正你心中的那杆秤吧，不要过分地拿他人光鲜的表面与自己相比，学会坦然接受，接受生活中的点点滴滴，如果活在攀比之中，也会使你自己生活在迷茫和混乱之中。其实世间万物都有自身的独有的特点，少点比较，才能感受到其中的乐趣。

王章程是著名的华裔数学家，在年轻的时候，他经常与同龄人一同赴美学习。在他23岁的时候，毕业于美国加州大学。与他一同毕业的同学，为了赚取更多的钱，都选择了留在美国一些大公司和大企业中，而仅仅只有王章程一个人放弃了优越的环境和待遇，毅然回国。因为在他内心，他热爱科学，热爱国家，并且很早就立志要做一名一流的数学家。

刚刚回国的时候，他的工资少得可怜。当时的他，一方面要供养家庭，有时候会感到劳累至极，但是他依然坚信自己的理想，在数学研究的道路上艰难地前行。

一直在他30岁的时候，还仍然同家人住在简陋的地下室中，生活平平淡淡，吃着最简单的饭菜，穿着极普通的衣服。即便是这样，也没有动摇王章程内心的理想。虽然在这个时候，和他一起毕业的同学已然月收入达到几十万美元，甚至成了月收入百万的小老板。

王章程看到同学的成就后，并没有感到失落，反到是为他们高兴。看着他们开着高档的车子，拥着漂亮的妻子，王章程并没有羡慕，而是依然坚持着自己的理想。他知道自己想要的是什么，他要朝着那个目标，一步步地走下去。

这样的日子一直到35岁，他终于一举攻克了两道世界级数学难题，赢得了世界的赞誉，成为了著名的数学家。

看到别人的成功之后，王章程并没有羡慕，更没有眼红，更没有拿自己与他人进行比较，而是依然坚持着自己的理想，最终取得了巨大的成功。

王章程的经历告诉了我们这样的道理：别人的生活也许很辉煌，但那未必适合自己，自己有自己的精彩，不要用他们的成绩来衡量自己，也不要苛求自己去超越别人，看淡了一切，你就能得到意想不到的快乐和幸福。

人生没有过不去的坎

人生没有过不去的坎，任何苦难，都会成为永久的过往。人的承受能力，其实远远地超乎我们的想象，如果不到关键时刻，我们很少能够明白自己的潜力有多大。

有一位坚强的农村妇女，她在19岁的时候结了婚。在25岁的时候，正好赶上日本帝国主义侵略中国，当时的日本在她们家乡进行大扫荡，她就经常带着两个女儿和一个儿子过着东躲西藏的日子。村里的很多人受不了这种暗无天日的折磨，就想到了自尽，而她会对他们说："别这样啊，人生没有过不去的坎，日本鬼子不会永远地

淡然——人生何必太强求

这么猖狂的。"

她终于熬到日本被赶出中国的那一天，但是，不幸又一次找上了她。在那艰苦的抗战岁月中，他的儿子因为极度缺乏营养，又缺乏医药，因为生病夭折了。为此，丈夫躺在床上不吃不喝，而她却流着眼泪说："再苦的日子也要过，儿子没了，咱以后再生一个，人生决没有过不去的坎！"

几年后，他们果然又生了一个儿子，但是就在儿子半岁的时候，丈夫却因为患水肿病离开了人世。在这样的打击之下，她根本没回过神来。但是最终还是挺过来了，她将三个未成年的孩子搂到自己怀里，说道："爹走了，娘还在呢，只要有娘在，你们就别怕，人生没有过不去的坎。"

于是，她一个人含辛茹苦就把三个孩子拉扯大了，生活也渐渐地好转起来。在当时，两个女儿也嫁了人，儿子也成了家。她逢人就兴奋地说："看吧，人生根本没有过不去的坎，走过去了，一切都变好了。"她年纪大了，不能下地干活，每天就在家里缝缝补补，做做衣服。

但是，上苍似乎一点也不眷顾这位一生都坎坷的妇女，她就在照顾孙子的时候，不小心摔断了腿，因为年纪太大做手术太过危险，就一直没有做手术，她每天只能躺在病床上面。儿女们都哭了，她却说："哭什么，我还要好好地活着呢，人生没有过不去的坎！"

即便是下不了床，她也没有怨天尤人，而是静坐在炕头上做针线活。她织围巾，会绣花，会编织手工艺品。左邻右舍的人都夸赞她手艺好，还跟着她学手艺。

她活到了90岁，在临终时，就对儿女们说："你们要好好过，人生没有过不去的坎。"

每个人都是在遭遇一次次的重创之后，才猛然发现自己是如此的坚强、坚毅。为此，我们说，人生无论遇到什么样的磨难，都不要一味地抱怨，抱怨上苍的不公，甚至从此一蹶不振。

最终，我们要铭记：人生没有过不去的坎，只有过不去的人，一切的苦难，都会成为生命永久的过往。

用好人生的减法

人之所以太累是因为不懂得放弃，要想使自己活得轻松，就要给人生做一次减法。做好人生的减法是一种大智慧，减去了精神的负担，整个人就轻松了、自由了。这种物质上的"舍"所带来的精神上的"得"，是无以伦比、珍贵万分的。

吉姆·特纳是美国莱斯勒石油公司的总裁，在他40岁的时候，他所继承的公司总资产达到了三十多亿美元。面对如此宠大的巨额财富，很多人都认为这位新上任的总裁一定会在自己的有生之年大干一番事业，让公司再上一个台阶。但结果却出乎人的意料。

吉姆·特纳并没有刻意地去为公司做事，而是及时地放下，给自己的人生做了一个减法。他先组建起一个评估团，对公司资产做了全面盘点，然后以五十年作基数，在资财总和中先减去自己和全家所需、社会应承担的费用，再减去应付的银行利息、公司刚性支出、生产投资，等等，一切评估做完后，他发现还剩下八千万美元。剩余的钱如何用？

他先拿出三千万为家乡建一所大学，余下的五千万全部捐给了美国社会福利基金会。人们对他的行为表示了不理解，他却说："这笔钱对我已没有实质意义，用了它就减去了我生命中的负担。"

在公司员工的印象中，吉姆·特纳从来没有愁眉苦脸、唉声叹气的时候。太平洋海啸，给公司造成一亿多美元损失，他在董事会上依然谈笑风生，说："纵然减去一亿美元，我还是比你们富有十倍，我就有多于你们十倍的快乐。"当灾难降临到他的头上，他的一个孩子在车祸中不幸身亡，也没有将他击垮。

淡然——人生何必太强求

吉姆·特纳活到 85 岁悄然谢世，他在自己的墓碑上留下这样一行字：最令我欣慰的是我能在最后几十年为自己做了人生减法！

吉姆·特纳正是在适合的时候，给自己的人生做了一个减法，才获得了幸福和快乐。如果我们也能像其他人一样，在有生之年大干一番，只"拿"不"放"，那么，他人生的最后几十年可能要在痛苦和烦恼中度过了。

苦苦地挽留夕阳的，是傻子；久久地感伤春光的，是蠢人。什么也不愿放弃的人，常会失去更珍贵的东西。用好人生的减法是一种境界。人到无求品自高，一个不为个人聚敛财富，只让金钱造福世人者，追求的是"大我"，显示的是"无我"，这种崇高的思想境界，让所有的人敬仰。

看淡名利，别被荣誉拖累了

世界上的人都在刻意追求那些看不见、摸不到的虚名，最终却导致心态失衡、身心疲惫，也会招致不必要的灾祸，一生都被名利所拖累，这实在是一种悲哀。

萨克雷的《名利场》中的女主人公丽蓓卡·夏普便是一个例子。

丽蓓卡·夏普出身于一个贫困的家庭，父亲是个平庸的画匠，而母亲则是一个歌女。丽蓓卡·夏普还没长大时，父母便离开了她，并且没给她留下一文钱。贫穷的生活使她不顾一切想要进入伦敦这个大都市，为自己找一个漂亮、华美的位置，借此成就自己的荣誉。

丽蓓卡·夏普很漂亮，美貌是她左右逢源的武器。进入伦敦后，她趋炎附势、阿谀奉承，费尽心机地要伦敦的上流社会接纳自己，希望自己能够在上流社会获得一席之地。可是那些上层社会的人只会去谈论那些光鲜的人物，他们都用有色的眼镜"注视"着丽蓓卡·

夏普,就连玛蒂尔达夫人家里的侍女也瞧不起丽蓓卡·夏普的谄媚。

当残酷的现实一次次地摧残着丽蓓卡·夏普内心仅存的希望,当名誉的诱惑时时纠结她时,她不知所措,后来嫁给一个上流社会人士,接下来,丽蓓卡·夏普利用自己的年轻美貌,赢得了考利家族最有可能的继承人、军官罗登的欢心,并且秘密结了婚,因为女王考利这个姓氏会让她感觉到自己在这个都市的生存意义。

结果,因丽蓓卡·夏普卑微的出身,罗登失去了财产继承权,两人离了婚。丽蓓卡·夏普借助一切力量迈进所谓的上流社会,将真情与友爱遗忘到九霄云外,用尽心机,最终还是不名一文,她的一切心机却全部白费了。

丽蓓卡·夏普一生都是在不断追求中度过的,但是到最终,她的一切心机却全部白费了,并最终付出痛苦的代价。

诚然,名利的确能够给人带来巨大的物质利益,能够满足人的虚荣心。但是如果你过分地追名逐利,一定会给自己带来无尽的烦恼。其实,名利是身外之物,面对名利,我们要以一颗平常心待之,做到处之泰然,不惊不喜;失之淡然,不悲不怒,这样才能让自己获得无比自由和惬意的人生。

切勿活在别人的眼光中

生活中,很多人都很在乎他人对自己的评价,为了能在别人眼中变得"完美"一些,可谓费尽心机:小心翼翼地关注他人的眼光,猜测他人的想法,猜想别人的评判……并小心翼翼地行事,唯恐受到他人的指责和挑剔。但是,要知道,你如此小心,还是会有人对你产生不满,为此,我们无须为此而伤神,活在别人的眼光中,只会把自己搞得身心疲惫。

淡然——人生何必太强求

父亲和儿子商量好，要把家里的驴赶到市场上去卖。

在路途中，他们没走多远，就听到有一群妇女在路边谈笑，只听到一位姑娘说道："嘿，快来看啊，你们见过那样的傻子吗？有驴不骑，宁愿自己在地上走路。"听到这话之后，农夫就立刻让儿子骑上驴，自己高高兴兴地在后面跟着走。

一会儿，他们又遇到一群老人在谈笑，突然听到一位老人说："你们快来看啊，现在的老人真是太过可怜了，看那些懒惰的孩子自己骑着驴，却让老父亲在地上走路，真是太不孝顺了。"听到这话之后，父亲就连忙让儿子下来，自己骑上去。

又走了一会儿，他们又遇到一群孩子在七嘴八舌地叫喊："嘿，你们看啊，这个狠心的家伙怎么可以自己得意地骑在驴身上，而让这个幼小的孩子在地上走路呢？"农夫就立刻叫儿子上来，与他一同骑在驴背上。

当他们快走到市场上的时候，一个城中人大叫道："大家快来瞧啊，这头驴简直太悲惨了，竟然一下子驮着两个人，它是你们自己的驴吗？"另一个插嘴道："哦，谁能想到他们会这么折磨驴呢，依我看，他们两个抬着驴走还差不多！"于是，农夫和儿子就急忙地跳下来，他们用绳子捆住了驴子的腿，找了一根棍子就将驴一起抬了起来。

他们卖力地想把驴抬过闹市入口处的小桥边，又一次引来了桥头上一群人的哄笑。这个时候，驴子受了惊，奋力地挣脱了绳子的捆绑，撒腿就跑，不甚却失足掉进河中。农夫最终既恼怒又羞愧地空手而归。

农夫的行为无疑是可笑的，因为总是活在别人的眼光中，一味地去迎合他人，不仅把自己搞得疲惫不堪，最终却落得十分可悲的下场。

要知道，对同一件事物，世界上每个人都有自己的看法和见解，你如果一味地去迎合别人，活在别人的眼光中，只会置自己于烦躁和痛苦之中，结果还会让周围的人都有意见，而且还对你产生不满。

每个人都渴望拥有和谐的人际关系，受周围所有的朋友喜欢，都希望自己能够在交际场上如鱼得水，但是我们做任何事都不可能让所有的人都满意，不可能让每个人都绽露笑容。通常的情况是，你以为自己照顾到了每一个人的感受，可还是有人对你不满，甚至根本不领情。每个人的利益是不一致的，每个人的立场，每个人的主观感受是不同的，所以我们想面面俱到，不得罪任何人，又想讨好每一个人，那是绝对不可能的！

在任何时候，都不要让自己太累，不要在意太多，不必让每个人满意，凡事只要尽心，按照自己的意愿去做，简简单单地过好自己日子就行，否则，只会使自己像故事中的农夫一样，费尽周折后，还会让所有的人都对他产生不满。

别让"仇恨"的牢笼囚禁了自己

俗话说："天下没有解不开的疙瘩，没有打不破的坚冰，没有过不去的火焰山。"就是告诉我们，生活中，我们无须为了他人的一点过失而记恨在心头，总是搁在心中，只会让自己的身心疲惫不堪。

有人说，"仇恨"是一座牢笼，心中装着它，它会囚禁你的整个人生。的确，"仇恨"是一种阴影，一种难堪，一种痛苦。就如马克·吐温所说，花儿即使是踩扁它的人脚踝上依然会留下自己的香气。这是一种潇洒，以一颗平和之心对待他人，生活一定会轻松。人生短短数十年，千万不要让仇恨囚禁了自己。

心中装着记恨这粒种子上路，用昨天的土壤来培养今天仇恨的种子，而一旦当这粒种子变得强大的时候，它不仅会危害到当下的自己，甚至还会毁了你的一生。

淡然——人生何必太强求

19世纪,美国有一位著名的建筑大王叫凯迪,还有一位有"飞机大王"之称的克拉奇,两个人是很要好的朋友。

刚好凯迪有一个女儿,而克拉奇有一个儿子,因为两家的关系很紧密,所以,两人就打算撮合他们的儿女成婚。但是,这两个年轻人走到一起后,关系进行得并不顺利,吵架打闹是经常的事情。因为两家都是名流巨富,对于儿女们的这种关系,让凯迪和克拉奇大伤脑筋。

但是,令所有人没想到的是,事态变得严重起来了。凯迪的女儿竟然被人毒害,而据警方详细调查后,杀人凶手正是克拉奇的儿子。为此,克拉奇的儿子也被关进大牢中,两家人的身心因此也受到沉重的打击。

从此以后,两家的关系就变得极为紧张,他们的生活也变得暗无天日。令凯迪一家较为恼火的是,克拉奇的儿子在事实面前却从来不承认是自己杀害了凯迪的女儿,而克拉奇也极力地为儿子的罪行拼命奔走上诉。如此一来,两家便结下了深仇大恨,两家人也开始进行明争暗斗的较量,双方也都损失惨重。

一年以后,法院做出终审,克拉奇的儿子也因谋杀罪而被判终身监禁。克拉奇为了不让自己的儿子一辈子都待在监狱中,为了消除儿子的罪行,又千方百计,拐弯抹角地不惜重金为凯迪一家做经济补偿,以求得凯迪能到监狱去为儿子说情。克拉奇每一次的经济补偿都是巧妙地出现在生意场上,这也使凯迪不得不被动接受。

但是,每当凯迪拿到克拉奇家族的一笔补偿金的时候,就像是接过一把刀刺自己的心那样悲痛难忍。凯迪也不停地埋怨自己当初怎么就看错了人。而克拉奇的全家也是天天都生活在自责之中,他们怨恨自己怎么没能教育好自己的儿子,埋怨自己不该为了自己的利益而撮合儿子的婚事。

两家都是美国企业界中的上层人物,没想到生活却会如此地捉弄他们,让他们的内心得不到安生。就这样一年又一年过去了,两家人的心情总是被巨大的阴影所笼罩，凯迪与克拉奇从来没有真正地笑过。他们承认，他们为此所付出的心理代价是用任何金钱也换不回来的。

然而，就在他们苦苦承受了 20 多年的痛苦后，最终的事实却证明，凯迪女儿的死，并不涉及善恶情仇。事情在当时的美国社会引起了巨大的轰动，面对媒体的采访，凯迪与克拉奇都说了同样的话："20多年来，我们所受的心灵上的折磨是我们永远支付不起的！"

20 多年，是多少个黑发变成白发的日日夜夜啊！这是用任何财富都支付不起的。如果两家都能及时放开仇恨，那么便不会受如此多的折磨和煎熬了。

人的生命是极为短暂的，容不得我们为了一些生活中的"死结"而毁掉自己匆匆而逝的美好年华，破坏生活原有的平静和快乐。其实，当你一个人静下心来的时候，就会觉得，这些所谓的"死结"，根本没有什么大不了，过去的毕竟已经过去了，再痛苦，再纠结也永远无法挽回了，只有及时放弃，顺势而为，才能够及时弥补你已经失去的，才能够迎来生命如夏花般灿烂的明天。

人与人之间不可能天生就是仇人，只不过是因为一些生活中的矛盾或者摩擦而不能释然罢了，其实，你完全可以大度地抛弃这些，不值得你再用其余的生命去支付过往的痛苦。否则，只会让你痛苦一辈子，在折磨中度过一辈子，将自己囚禁在牢笼中，永远得不到解脱。对于生活中的过节，你完全可以借一次约会，一个电话来以心换心，多些理解和忍让，疙瘩终会解开，冰雪终会消融，火焰山终会翻越过去。

以温柔优雅的态度生活

温柔优雅是对生活的一种淡然的态度，它是一种祥和的生活状态，不苛刻，不枉求，是一种自由自在，安静淡然的生活状态。现实

淡然——人生何必太强求

生活中的很多人都缺乏这种态度，他们看待任何人和事，总是戴着有色眼镜，过分计较功利之心，最终让心灵蒙上了灰尘。

有一位花匠，他家的庭院中种了一棵葡萄树，结了很多的葡萄。那个花匠很是高兴，于是就摘了些准备送给他人品尝，只是想让别人分享一下自己的这份心情。

有一天，一位商人经过他家门口，花匠就送给他一些葡萄，那商人一边吃，一边夸赞道："好吃，好吃，多少钱一斤？"花匠说不要钱，但是商人却不同意，坚持把钱给了他。

第二天，一位干部经过花匠家门前，花匠就送给他一些葡萄，那位干部接过葡萄后沉吟了良久，问："你有什么事情需要我帮忙吗？"花匠再三表明没有什么事情，只是让他尝尝而已。

于是，花匠又将一些葡萄送给了一位少妇，这位少妇接过葡萄时，有点意外，而她的丈夫在一旁一脸的警惕，看样子，他很不欢迎花匠的作为。

接着，花匠又将葡萄送给了一个过路的老人，老人吃了一颗后，摸了摸白胡子说了声"真是不错，够甜"！就头也不回地走了。

那花匠高兴极了，他为他自己终于找到了一位能够真正与他分享心情和快乐的人而兴奋，一个用温柔优雅的态度生活的人。

你看世界是什么，你就是什么。如果你觉得世界乱了，是因为自己的内心乱了，一味地感慨人情淡薄是因为自己变得"薄情寡义"了。生活中，我们如果待人多一份温暖，多一份恩情，即使世界变得再混沌，也要生活得自在，重要的是每天面对生活的态度，以温柔优雅的态度生活。懂得生活是一种品位，摘下你的"有色眼镜"，你的面前将会呈现出一片纯净的世界。

切莫为拥有的而太过兴奋，也无须奢望自己所没有的。多数时候，当我们面对伤害自己的人，千万不要被仇恨所蒙蔽，心中切勿充斥报复，但是在报复对方的同时，何尝不是在伤害自己呢？仇恨与忌妒是人生最不害人的情绪，它会给人带来不好的心情，当我们身陷其中，就会变得无比的沮丧。如果我们能够以温柔优雅的态度生活，少一些功利，少一些私心，做一个有品位和优雅的人，那么，你的人生将会无比的惬意和平静。

再苦也要笑一笑

"再苦也要笑一笑"是对生活的一种乐观态度。一位作家说，日子苦并不可怕，可怕的是人心苦。为此，无论处于什么样的环境中，都别忘记提醒自己：只要乐观的精神还在，再苦的日子也是甜的。无论遭遇什么样的不幸，只要能够撑过去，就能看到胜利。再苦再累，也要学着去笑一笑，笑一笑，你的人生才会更加美好。

一位富家千金小姐，从小养尊处优，过着锦衣玉食的生活。从来没为任何事情担心过，身边的仆人成群，每天只是看看书，赏赏花，喝喝茶。很不幸的是，因为种种原因，她家道中落，一夜之间，她从一个富家小姐沦为街头的流浪者。再后来，她沦为一个要到乡下挖鱼塘清粪桶才能生活的人。

面对如此巨大的生活反差，她并没有唉声叹气，忧心忡忡，而是微笑着面对。

几年过去了，她不再是当年那个美丽优雅的她了，岁月带走了她姣好的面容，时光粗糙了她娇嫩的双手。可是，她喝茶，赏花的习惯仍旧没有改变。但是家中一贫如洗，再也没有当年用来烘蛋糕的电烤炉，该怎么办呢？她就自己动手，用一只铝锅在煤炉上蒸蒸烤烤，尽管没有控制温度的条件，她却烤制出了美味可口的西式面包。然后，又将面包切片，再在煤炉上架上条条的细铁丝，将面包片放在上面，做得香喷喷的面包吐司。

| 121

淡然——人生何必太强求

在这个时候，她总是怡然自得地享受着贫苦生活中独有的喜悦，已经完全忘记了自己生活的清苦，享受着点点滴滴的幸福。

尽管日子不再富裕，尽管处于恶劣的生存环境中，那位小姐仍旧能够保持着那种精致的生活，这种苦中做乐的精神着实让人感动不已。如果人人都能够以这样的心态来面对挫折、面对苦难，那么，还有什么困难能够打倒我们呢？

再苦也要笑一笑，什么烦恼便没了。要知道，苦与甜都是生命中一种状态，若没有苦难，人生就会少几许自尊和坚强；若没有挫折，生命便少了几分成功之后心动的喜悦；如果没有沧桑，那么人生就缺乏几分同情，几分感动；为此，切莫总是苛求生活按照我们想象的状态发展，要知道，每个人都不可能四季如春。经历了春天的温暖，就必须要等待对夏日烈火的考验，收获了秋天的果实，就必须要忍耐冬日的严寒。但回过头来你会发现，夏天虽然酷热，但却也有着如火的热情，它让人想到希望，想到未来，更给人以巨大的信心；冬天虽然严寒，但是却也有一份美丽的存在，没有叶子，皑皑的白雪，凛冽的北风，都能带给我们无限的遐想与感受。

永远不要羡慕别人的生活

幸福和快乐如饮水，冷暖自知。为此，我们永远不要去羡慕别人的生活，即便那个人看起来富足而快乐；同时，也永远不要去评价别人是否幸福，即便那个人看起来孤独无助。你不是对方，怎么知道对方走过的路，看过的风景，如何得知对方真实的苦与乐。

泰戈尔说："鸟愿为一朵云，云愿为一只鸟。"在任何时候，我们都不要去羡慕别人，因为你看到的只是对方光鲜的表面，根本无法体会对方的痛苦。

有一只公鸡，个头很小，但却野心勃勃。它很是羡慕那些强者的生活，它也总是梦想着自己在某一天也可以变成像森林中的狮子一样强悍的动物。

但是，无论如何努力，它的梦想也丝毫没有进展。于是，它就开始了无休止的抱怨，佛祖听到了，便来到凡间，站在它的面前，问道："在我的眼中，众生皆平等，你为何总是羡慕他人的生活呢？"

公鸡回答道："佛祖，您高高在上，受万物的膜拜，如何能够理解我们这些弱小者的痛苦呢？我每天都生活在又潮湿而又阴暗的鸡棚中，每天都要吃那些人们随手丢弃的米糠类食物，而且，还时不时地被人类到处驱赶，多数情况下，还要饿肚子，还有被宰杀的危险。我实在不想过这种低下的生活了，求您赶紧让我变成像狮子那样强大的动物吧！"

佛祖说："你为何羡慕它们的生活，要知道，它们也在为自己的身份而苦恼不堪。"

公鸡以为佛祖在欺骗它，便说："狮子那么强悍，每天有肉吃，有舒服的洞穴可以住，还用羡慕谁呢？"

佛祖听罢，就领着公鸡来到一片大草原上面。不远处，有一头贵为森林之王的狮子正在怒吼着，它之所以如此生气是因为它身上那些蚊虫与虱子之类的小动物正在肆无忌惮吸食它的鲜血，而自己却无计可施；另一边，公鸡也看到一头母狮正在拼命地追逐着一头鹿，它张着大口却依然无法捕到猎物，最终因为饥饿而倒下了。

看到这样的情况，公鸡就叹道："原来它们的生活还不如我的清闲自在。我真的不用再羡慕它们了。"

佛祖笑道："你先前之所以羡慕它们，是因为你根本不知道它们的痛苦。"

生活中，有多少人也有像公鸡这样的心态呢？它们总是在不断地羡慕别人中度过自己的一生：羡慕别人的车子比自己好，房子比自己的宽敞，家庭比自己幸福，工作比自己舒适，收入比自己高……好像别人的一切才是真正的生活，而自己的生活只是在浪费时间一般。我们总是在体会别人的生活，总是生活在他人的阴影之中，为别人表层的光鲜而自卑，殊不知，你所羡慕对象的光鲜外表下不知隐藏了多少辛酸与痛苦。他们位高权重，却终日生活于明争暗斗之中；他们手中财产无数，却每天都因为没有可信赖的朋友与亲人而苦恼着，这样的生活怎么还值得别人去羡慕呢？

很多人就如同故事中的公鸡一般，只看到了强者的光彩，却从来没有想过强者身后所要付出的痛苦和辛酸。正如佛祖所言，在我的眼中，众生都平等，无须去羡慕他人。羡慕他人是在给自己徒增烦恼，与其这样，不如选好自己的生活方式与道路，活出属于自己的精彩。

无人欣赏，也要为自我喝彩

有一首歌中这样唱道：想唱就唱，要唱的响亮，就算没人为我鼓掌，至少我还能够勇敢地自我欣赏！这话是告诉我们，要学会自我欣赏，即便没有任何人能够看好你，即便鲜花不属于你，也要勇敢地追逐自己的梦想。

在生活中，我们切不可过分地在意他人的眼光，无论别人如何看你，都不可悲观失望，要不断给自己打气，相信自己，懂得自我欣赏，这样才能达到人生顶峰，才能活出自我的精彩，才能获得更多的快乐！

玲玲是个极度自卑的人，总觉得自己事事不如人，也没有什么特殊的才能，没有特长，而且什么事情也做不好。每次与周围的朋友在一起的时候，总是很胆怯，害怕她们嘲笑自己，因为她觉得自己不仅笨，而且还长得不够漂亮。

每天，她都低着头走路，就连与他人说话，声音也小得很。

有一次，朋友聚会，让玲玲去参加。聚会吃完饭后，大家建议一起去唱歌，在唱歌时，她的一位朋友丽丽就将玲玲叫了起来："玲玲，其他人都唱了，我听说你唱歌很不错，现在就给大家唱一个呗！"大家也都跟着喊起来，让她唱一首。其实，玲玲唱歌很不错，嗓音也很好，但是由于自卑，很少在别人面前显露自己的才艺。

看到大家都在鼓励她，玲玲只好拿起麦克风唱了起来，虽然唱得有些生硬，但唱了几句后，大家都没想到玲玲唱歌这么好听，纷纷鼓起掌来。唱完一首后，朋友们又让玲玲唱了一首。

丽丽还走了上去，给玲玲送上一束鲜花，并凑在耳边说："玲玲，你唱歌真棒，其实只要你仔细观察，你身上还有许多优点，为什么你自己看不见呢？其实不管别人是否欣赏你，你首先就要学会欣赏自己，重视自己。"此次之后，玲玲的确开朗了许多，由于性格变得开朗了，所以在工作上也有了很大的进步。

生活之中，很多人之所以不懂得欣赏自己，是因为他们的眼睛总是盯着别人最出色的地方，有时，即使对方一点也不优秀，他们也会找出一些别人有而自己没有的优势去欣赏别人，从而忽视了自己的美丽，这样只会让自己更加痛苦。

生活之中，我们一定要学会欣赏自己。要欣赏自己，首先要学会重视自己，无论自己天生是美还是丑，无论自己是伟大还是渺小，都要足够地重视自己。因为你的就是你的，别人再美，再优秀，那都是别人的，你也只有重视自己，欣赏自己，才能活得更快乐。要知道，一个人连自己都看不起自己，就别奢望别人能看重你了。

要明白，人都喜欢受到欣赏，但我们生活中总有一些不尽如人意的地方，而且人们往往会忽视你、否认你，甚至嘲笑你。这个时候，你渴望别人欣赏或者不懂得欣赏自己，都会被人看不起。你解决这种别人看不起的最好方法就是时不时地称赞自己。同时也要学会观察自己，去寻找自己的优点，花时间栽培自己，你就能够发现属于自己的美，然后就能够活出自己的精彩，那个时候，你的所有烦恼和痛苦就会烟消云散。

淡然——人生何必太强求

心开路就开

一位哲学家说："在人生绝望的那一刻，往往是新的希望的开始。一切危机的尽头，往往是转机，山穷水尽的地方，往往会柳暗花明。"也就是说，这个世界上从来没有真正的绝境，也没有真正的痛苦，有的只是绝望的思维，痛苦的想法，只要心灵不干涸，只要心中还有阳光，只要心开了，前方的路就开了。

在智利的北部有一个叫邱恩宫果的小村子，这里西临太平洋，北靠塔卡拉玛干沙漠。由于本地特殊的地理环境，使太平洋冷湿气流与沙漠上的高温气流终年交融，形成了多雾的气候。

但是浓雾却丝毫滋润不了这片干涸的土地，因为白天极为强烈的日光能将浓雾蒸发。

一直以来，这处长久被干旱征服的土地上，看不到一丝绿色，人们几乎也看不到一丝生机。几年后，加拿大一位名叫罗伯特的生物学家在进行环球考察的过程中，意外地发现了这片荒凉的土地。

看到如此干涸的土地，他很是好奇，就在当地住了下来。不久后，他就发现了一种十分奇异的现象：这里除了蜘蛛几乎看不到任何其他的生物。这里处处蛛网密布，蜘蛛四处繁衍，生活得极好。

这位生物学家顿时对这里的蜘蛛产生了好奇，为什么只有蜘蛛才能在如此干旱的环境中生存下来呢？后来，罗伯特就借助电子显微镜，他发现这里的蜘蛛具有很强的亲水性，很容易吸收雾气中的水分，这里的雾水就是这些蜘蛛在这里生生不息的源泉。

后来，在智利政府的支持下，罗伯特就根据蜘蛛的吸水性原理，研制出一种人造纤维网，选择当地雾气最为浓厚的地段排成网阵，就这样，穿行其间的雾气被反复地拦截，最终形成大量的水滴，这些水滴滴到网下的流槽里，经过过滤、净化，就成了可供生物成活的新的水源。

如今，罗伯特的人造蜘蛛网平均每天可截水达到一万多升，如果是在浓雾天气，每天可以截水十多万升，不仅满足了当地居民的生活之需求，而且还可以灌溉土地，让这片昔日满目荒凉、尘土飞扬的荒漠中长出了鲜花与青绿的蔬菜。

其实，这个世界上本没有真正的绝境，再荒凉的土地，也会变成生机勃勃的绿洲。对于人生来说，这个世界中也没有真正的绝境，只要心开，路就开。

为此，我们在遇到困境时，一定不要尽早地让心灵干涸，将心中的梦想熄灭。要知道，人在失意的时候，体内沉睡的潜能最容易被激发出来。只要你能换个角度看世态，要将绝望看作是下一次希望的开始，心中的痛苦就会减少许多，也许你就能发现机会就在失意的拐角处等着你！

懂得自我安慰

每个人都会被生活中不顺心的事所缠绕，当心情处于极度的烦躁、郁闷和痛苦的时候，并不是每个人都能受到他人的关注。在一个人默默地忍受痛苦，当痛苦无处宣泄的时候，如果不懂得自我安慰，自我调解，不好好善待自己，我们的意志可能会慢慢地消沉，我们的人生也可能陷入一片沼泽之中。

在日常生活中，当我们被烦恼和痛苦缠绕的时候，也一定要学会自我安慰，这样才能够排除困扰心灵的烦恼。人要尊重自然规律，面对社会现实。由于财富、地位、人事关系的差异，世界上没有绝对的公平，相反，有时不公平的事比公平的事还要多，这就是现实。

俄国作家契诃夫这样写道："要是火柴在你口袋里燃烧起来了，那你应该高兴，而且还要感谢上苍，多亏你的口袋不是火药库。要是你的手指扎了一根刺，那你应该高兴。挺好，多亏这根刺不是扎在眼睛里。"

很多情况下，我们不能减少不顺心的事情，但我们完全可以以自我安慰的形式，让自己不要那么痛苦。那些懂得自我安慰的人，是很容易在失败和困境中降低自己的挫折感的。世界上那么多人，每个人在自己的世界中都是巨大的，可是在别人眼里通常又是微不足道的。我们不能期许命运之神的特别眷顾，如果我们不能从外界得到救赎，起码我们还可以自我安慰！记住，当你痛苦，却又被所有人忽视的时候，一定不要忘记了，你还可以自己安慰自己。

第6章 抛却忧虑，切莫庸人自扰之

我们时常感到心累，是因为想得太多，忧虑太多。我们总是会为昨天的事情耿耿于怀，对明天还未发生的事情忧虑、担心。要知道，昨天已经是过眼云烟，一去不复返，再如何悔恨也无济于事，所以，我们不必为过去的痛苦而错失当下的美丽时光。明天还是个未知数，可望而不可即，再怎么惶惶不可终日，也不过是自己的空念。只有今天，才是实实在在摆在我们面前的，也只有认真过好当下的时光，抓住当下的快乐，才能够获得快乐的人生。

淡然——人生何必太强求

随手拣起心中的"落叶"

心中的落叶是生命的垃圾，它危害颇多，就像是人性的杀手，也犹如生命的窃贼。如果不及时拣起，就会埋葬人性的纯净，遗失生命的本真。

这里所说的"落叶"就是我们经常所说的烦恼、闲愁、忧虑、哀伤，这些都是健康的杀手，也是保持生命纯净的保证。心中的落叶容易落，但却不易拣。

生活中，我们经常小觑甚至无视这样简单而细小的工作，然而，如果今日不及时拣起，在心灵深处就会越积越多，等到要清扫的时候，已经心有余而力不足了，到时候，所有的悲伤、哀愁都会慢慢地浸透你的生命，让你痛不欲生。为此，在任何时候，我们都不要忽视心中的落叶，随手拣起，随时清除，这是永葆快乐的法宝！

慧缘大师和弟子在庭院中散步，忽然起风了。一阵风过后，树上落下了很多落叶。慧缘大师就放下脚步，一片一片地弯下腰将落叶拣起，再放入口袋中。弟子看到了，说道："师父，这些落叶你不必拣，等明天我起个早，我会把它打扫干净的。"但慧缘大师笑了笑说道："现在拣，地面上会显得干净一些。"而徒弟仍旧劝阻禅师道："落叶那么多，您拣起一两片地上还是会有很多啊，它还会落在我们每个人的心中。你看似在拣地面上的落叶，其实，还是你在拣心中的落叶啊！心中的落叶，随时随地拣，才可以完全拣完。"

地上的落叶只需早上清扫一下就可以，但是心中的落叶需要随时随地打扫才能清扫干净，也就像我们心中的烦恼和莫名的忧愁一样，需要及时清理，才能够保持心灵的清净和淡然。

　　要知道，心中的落叶和地上的落叶都会越积越多，但是，心中的落叶却要远远比地上落叶的危害要严重得多。地上的落叶可以像慧缘大师的弟子所说，只需每天打扫一次便可以清理干净，而心灵的落叶是千万不能够仿效的。心中的落叶要远远比地上的落叶腐化得要快，不仅极容易积累，而且还会衍生无穷的细菌，会波及影响到其他本身良好的生命体中。落叶积累几天以后，再打扫还会觉得烦累，更不用说要打扫心中的落叶了。其实，也就如我们生活中的忧虑和闲愁一样，是心灵所滋生的细菌，它蔓延得快、狠、准，波及的范围极为广范，会影响到纯净生命体的方方面面，一定要及时清理，才能保持心灵的澄澈和明净。

千愁皆空梦枉然

　　弘一法师在皈依佛门之前，他的所有作品中所透露出的衰柳、残秋、荒野、萧疏、简淡、悲凉的美学思想，表明了他对人生空茫的思虑。等他在灵隐寺正式剃度出家时，他猛然悟到，自己以往的情仇闲愁皆是虚枉，都是在给自己的心灵增加负担，也是在白白地浪费自己的生命。

　　寺院中有个勤快的小和尚，主要负责清扫寺庙中院子中的落叶。在寒冷的清晨起床扫落叶是一件苦差事，尤其是在深秋寒冷之际，每一次大风吹过来，就会落下一大片的叶子。

　　所以，小和尚每天都要花费大量的精力去清扫院子，这让他痛苦不已。他一直想找个好的方法让自己放松些。一次，有个和尚过来跟他说："你想放松当然是可以的，在打扫之前把落叶统统地摇下来，到后天也就可以不用辛苦地清扫落叶了。"小和尚认为这是个好

淡然——人生何必太强求

办法,于是在隔天就起了个大早,他在清扫之前把所有的树木都用力地摇了一遍。他想,这次就可以把今天和明天所有的落叶都清扫干净了,内心很是兴奋。

然而,在第二天,小和尚到院子中一看,不禁傻了眼,院子中又像往日一样有很多的落叶。这时候,寺院中的方丈走了过来,对小和尚说道:"傻孩子,无论你当下如何努力,明天的落叶照样还是会落下来的呀!"

所有闲愁都是虚妄的!一位哲人说:"怀着忧愁上床,就是背负着包袱睡觉。"可是,生活中,许多人的内心都潜藏着一个叫做"忧虑"的小蚂蚁,常常放出来吃掉自己难得的快乐。

为此,我们无须为了明天而烦恼,这样等于是在给自己的心灵施加压力,让自己觉得活得步履维艰,使生活既辛苦又烦躁。虽然如此,在生活中,许多人却还是会像小和尚那样,把生命中大量的时间浪费在虚妄的抱怨之中,妄想着人生与真实的自己会有所不同。他们忘记了,今天有今天的事情,明天却有明天的烦恼,多数事情根本无法提前完成,为未来担忧,实则是在给自己徒增痛苦。要知道,你心中所有的忧愁,只会存在于你个人的头脑中,并不会真的出现。

世上本无事,庸人自扰之!天下本来是太平的,你内心的烦恼担心全部都是自找的。

当然了,在现实生活中,每个人都会有空想,适度的空想对个人是有一定的积极的作用的,但是如果你一直执著于自己的空想之中,就一定会被虚妄的空想所累。为此,我们一定不要为没有发生的事情而过度地担忧,做好当下的事情,用行动驱除烦愁!

一念嗔心，能开百万障门

弘一法师说："不嗔，嗔习最不易除，'一念嗔心，能开百万障门'。可不畏哉！"其实是说，嗔心是要不得的，一旦沾染上就极难根除。一个人一旦有了嗔心，则会失去理智，失去正确的判断力。"障"就会出现，阻碍人们的修行之路，不可不令人畏惧！

其实，嗔怒是一种情绪化的行为，每个人都会有情绪化的时候，当自身的利益受到损害的时候，当别人伤害我们的时候，我们自然会嗔怒。然而，嗔怒对身心的伤害是巨大的，红楼梦中的林黛玉的死便主要与她小心眼，爱生气有关。

嗔心会让我们产生怨恨，怨恨他人，怨恨社会，每天都会变得郁郁寡欢，看不到阳光。为此，当嗔心一出现，我们就应该把自己的心胸放宽一点，少一点计较，多一点宽容，这样内心才不会出现"百万障门"。

佛印是苏东坡的一位好朋友，两个人经常在一起参禅悟道。因为佛印是位老实厚道的人，苏东坡就经常戏弄他，开他的玩笑。

有一天，两个人又在西湖一同参禅，苏东坡就问佛印："你看我像什么呢？"佛印睁开眼睛，老老实实地说道："我看你像一尊佛！"而苏东坡则嬉笑着对他说："你想知道我看你像什么吗？"

佛印摇头道："像什么？"苏东坡哈哈大笑，说道："你坐在那儿，完全就是一堆牛粪嘛！"而佛印只是又闭上了眼睛，并没有答理他。

晚上回到家中的时候，苏东坡就很得意地把这件事情的前因后果告诉了苏小妹。苏小妹听完以后，就笑着说道："哥哥呀，就你这样的悟性还去参禅悟道啊！参禅注重的是见心见性，心中有，眼中才会有。佛印说你像一尊佛，说明他心中有佛。而你看他像堆牛粪，你

淡然——人生何必太强求

说你自己心中有什么吧!"苏东坡听了苏小妹的话,顿时哑口无言!

其实,我们所看到的外在世界,所经历的所有的事情,都是我们内心的一种折射。你所看到了,也仅仅是我们内心所拥有的。你内心是什么样子的,就会表现出什么样的状态来。为此,生活中,当遇到各种伤害的时候,当我们无力去反驳别人的时候,当遇到形形色色不公平的时候,我们一定要把眼光放得远一点儿,没必要把这些厌恶的情绪持续地影响我们的心境,并要告诉自己:"我们的计较是因为我们心中仅仅能装得下这些厌恶,而我们的内心也应该装得下过去、现在和未来。所以,我们根本没必要发嗔怒之心,否则,不仅伤人而且伤己!

不为明天忧虑

佛语有云:"这个世界上没有任何人会给你烦恼,除了你自己!"就是说,所有的烦恼都是自找的,都是你心灵的"滋生物",和外界的任何事物都无关。

《圣经》里有这样一句话:"不要为明天忧虑,明天自有明天的忧虑,一天的难处一天当就够了!"然而,生活中,我们经常会被未来还未发生的事情烦恼和担忧。然而,这些烦恼和担心都是多余的,它们并不会真的发生。真的是这样子吗?

我们来看一下美国作家布莱克伍德在一篇名为《99%的烦恼其实不会发生》的文章中,写了他本人的一段亲身经历:

布莱克伍德在他四十多岁的时候,因为战争的原因,所有的事情几乎把他困扰。他所创办的商业学校,面临着极为严重的财务危机;而他的儿子则在军校中服役,生死未卜;当地政府要征收土地建造农场,而他的房子正好在被征收的土地之上,他拿到的赔偿金也仅仅是他房子市价的十分之一；他的大女儿因为提前一年毕业，她上大学需要一笔费用，而这笔钱完全还没有筹到。布莱克伍德正坐在办公室里为这些事情烦恼，便随手拿了一张便条写了下来，冥思苦想应对所有事情的对策，但是都没能够想出更好的解决办法。最终，他无意间就将这张纸条放进了抽屉中。

一个月一个月过去了，布莱克伍德自己根本已经不记得自己写过这张便条。一年之后的一天，他在整理自己的资料时，无意中就发现了这张曾经让他头痛不已的烦心事。一边看，他淡然地笑了笑，觉得很有趣，因为他当初担心的那些事情都没有真正地发生过。

他刚开始担心商业学校无法办下去，可政府却拨款训练退役军人，他的学校很快就招满了学生；他曾经担心自己的儿子在战争中受伤，但是最终儿子却毫发无损地回来了；他担心土地被征收去建农场，但是后来却因为住房附近发现了油田，他的房子完全没有被征收；他担心长女的教育经费凑不齐，但是他却找到了一份兼职稽查工作，解决了这个难题。

最后，布莱克伍德得出了一个这样的结论："其实，生活中，你所担心的事情，99%都是不会发生的，人生总是为了一些不会发生的事情去烦恼，让精神饱受煎熬，真是一大悲哀！"

俗话说，车到山前必有路，船到桥头自然直。许多烦心和忧愁都是自己给自己绑的绳索，是对自己心力的无端耗费，这就如同自我设置的虚拟的精神陷阱。怀着忧愁度过每一天，设想自己可能遇到的麻烦，只会徒增烦恼。

漫漫人生道路就如同一座独木桥，只能够承载今天的重量，假如你再加上明天的重量，桥必定会轰然倒塌。所以，千万不要想太多未来的事情，不要顾虑太多，只要好好地享受、欣赏现在的生活就行了。活着的意义就是好好地过好当下。当事情还未发生的时候，我们根本无须担忧，就算事情真的发生了，也可能会因为一些其他的事情而改变，使事情向着好的方向发展。

别让"怀旧"扰乱心智

从几何起，社会上流行起"怀旧"风，越来越多的人，都喜欢追忆当年的美好，以至于让自己整日沉湎于过去的时光中，错失了当下的快乐。

无可否认，适当地回忆过去，这能够调节生活状态、珍惜眼前，但是，如果超过了"度"，那么就会让心灵麻木，让自己错失当下最珍贵的东西。

小梅最近老爱发呆，她的思绪总是沉浸在过去的时光中。从广东到莫斯科，小梅经历了许多的事情，却总是无法忘记家乡的一切。如今的她，即便已经定居在莫斯科，有了丈夫，有了孩子，她经常还是沉浸在怀旧的情绪当中。

有一年，小梅通过网络，看到了家乡大陆的热播剧，她看得如痴如醉，每当回想起家乡，她总会忍不住流泪、伤心。总是时不时地向丈夫抱怨，什么时候才能回到家乡啊！

其实，小梅自己也很清楚，如今的她已经在莫斯科安家，孩子刚刚上幼儿园，丈夫在这里已经有了自己的事业，想要回家乡重新生活，并不是件容易的事情。

每当遇到熟悉的人，小梅总会唠唠叨叨地向他人讲述自己家乡的一切，自己小时候经历的所有的事情。刚开始，周围的人听了很是新鲜，也对她的思乡心情感到理解，但是时间一长，却让人感到极不自在，甚至还会让人感到反感。

小梅的这种行为，引起了丈夫的关注。看到妻子在怀旧中越陷越深，丈夫急忙就将她送进了医院。经医院一检查，原来因为过于怀念家乡，小梅的心理已经出现问题。不得已，只好被迫住院治疗，直到一年多后才有好转。

正是因为过分"怀旧",小梅才出现了这样的情况。由此可见,"怀旧"是可以的,但是一定要掌握度。正如我们常说的:"好汉不提当年勇""过去的就过去了,别想那么多,至少有个美好的回忆。"都是在劝解他人不要活在过去里,哪怕怀旧也不能过分。

事实上,每一个人的一生,都有着许多美好的回忆,这些都值得我们珍藏。但是,这些东西也很容易让人依赖,产生迷恋,甚至会让自己无法自拔,变得疯狂、忧郁、苦不堪言。正如小梅那样,如此发展,只能让自己的心智大乱,甚至神经系统也出现问题。

正如伟大的诗人泰戈尔所说:"如果你因错过太阳而流泪,那么你也将错过群星。"短短的一句话,就道出了生活的真谛。不要活在过去里,美丽属于当下,快乐属于当下。

用行动驱逐"心魔"

行动是驱散心魔的最佳良药!生活中,当我们受诸事煎熬的时候,要学会好好地利用当下的时光,将所有的"行动"都付诸"当下",心魔自然就烟消云散了。

一位年近70岁的老妇人,正值古稀之年,应该是享清福的时候,然而,她却遭受了平生最大的苦难。丈夫突然去世,让他精神饱受折磨。当她正沉浸在丧夫之痛中时,接下来的打击更是让她的精神几近崩溃:首先是她的几个子女为遗产继承问题闹得不可开交,而且相互之间还大打出手。接着便是丈夫生前所经营的公司倒闭,欠下了一大笔债务。为了还债,她只能卖掉家中所有值钱的东西。这一系列的不幸,让她每天都郁郁寡欢,她不知道自己以后怎么走下去。

她每天都自言自语道:我已经近70岁了,我已经近70岁了!每

淡然——人生何必太强求

个人都清楚，她是在为自己的未来担心。为了生活，她必须到外面找一份工作，但是当这个念头冒出来的时候，她自己都震惊了：哪里会雇佣一位老妇人呢？即便是有人愿意，一位近70岁的老妇人能干些什么呢？年纪这么大了，谁愿意相信她并且给她一份工作呢？

她每天都担心别人嫌她太老，担心因为动作迟缓还不愿意雇用她……这一系列的担忧，让她每天茶饭不思，多数时候还会怀念丈夫在世的岁月。因为怀念而生悲痛，让她痛不欲生，久而久之，贫穷、疾病和孤独等都全部被请进了大门。

她只好住进医院，医生了解到她的情况之后，就对她说："你的病是因心而生，需要长时间住院治疗才成。但是，你又没多少钱，我看这样吧，从现在开始，你可以选择在医院做临时工，以赚取一些医疗费用"。

她就问道："我能够做什么呢？"医生说道："你就每天打扫病人的房间吧！"

于是，她就开始手握扫帚，每天都不停地开始忙碌。慢慢地，她内心就恢复了平静：反正没有比这个更好的活法了，而且就自己目前的状况来说，别无选择。她开始不停地忙碌起来，每踏进一间病房，就开始目睹一次他人的病痛与折磨，心也就开始豁亮一次。因为她觉得自己是所有病人当中情况最好的。慢慢地，她也无须担心什么了，因为实在太过忙碌了。对于她来说，烦恼和担心反而没有了。

就这样，她用一个月的时间彻底驱散了心理和生理的病魔，接下来，她最急需解决的就是生活问题。为此，当医院让她"出院"时，她又一度陷入焦虑之中，她不知道自己出去还能干什么！于是，她诚心地说服医院让她留了下来。她就在医院保洁员的岗位上又待了三年时间。因为经常接触病人，她对病人的心理很是了解。三年以后，她就被院方聘请为心理咨询师。心魔、病魔、孤独彻底离她而去，生活也好起来，她没想到自己在垂暮之年，人生还能再次散发光亮。

无可否认，行动是驱散心魔的最佳良药，是摆脱烦恼和忧愁的最好的方法。如果你还在为未来不确定的事情而担忧，那么，就赶快行动起来吧！只有让自己切实地行动起来，才能让内心获得平静和充实，才能改变命运，拥有更为光明的未来。

别让焦虑毁了你的生活

现代社会中，我们的心会不知不觉地陷入焦虑之中：为当下焦虑，因为害怕失去；为未来焦虑，因为未来充满了不确定性，我们担心失去，害怕损失。尤其是在当我们意识到自己有可能会失去，而且对即将失去一切无计可施的时候，焦虑的程度会大大地增大。其实，你的焦虑不能解决任何问题，是徒劳的，如果你时不时地会焦虑，那就赶快转变心态，千万别让焦虑毁了你的生活。

在遥远的撒哈拉沙漠中有一种特殊的灰色的沙鼠，与其他鼠类不同的是，它有一种特殊的习惯：每当沙漠的旱季开始来临的时候，它们都要到各处去采集大量的草根囤积起来，这样能使自己在干旱的季节之中可以更好地生存下来。但是，让人感到奇怪的是，哪怕自己所囤积的草根早已经足够自己度过旱季了，沙鼠们还是会不停地寻找草根，并将它们运回到自己的洞穴之中。对它们来讲，好像只有这样，才能让自己踏实起来。否则，沙鼠们就会处于极为焦躁的情绪之中，会不停地嗷嗷大叫。

后来，研究人员发现，这种沙鼠在进行大量的草根囤积是因为其天性使然。在这种焦虑的影响之下，它们就会将自己要囤积的草根多于实际需求量的几倍，甚至几十倍。事实证明，沙鼠这种多余的劳动往往是毫无任何意义的，这些草根往往是在旱季过去之后还剩下许多。

淡然——人生何必太强求

众所周知，当代医学界所用的实验老鼠就是小白鼠，后来，曾经还有人提出要用这种沙鼠代替小白鼠来进行医学实验。因为沙鼠的个头比小白鼠更大一些，更能够准确地反映出所测药物的特性。但是几乎所有用沙鼠做过实验的医学研究人员都认为，沙鼠并不好用，因为它们一到笼子中就会变得十分不安。尽管它们整天都可以过得非常舒服，但是沙鼠还是一个接一个地死去了。医生们也发现，这主要是因为沙鼠无法囤积草根而引发的极度焦虑导致的死亡。其实，它们的死亡并非在于外界环境的变化，而在于它们内心的焦虑所致。

当下人的生存状态，很类似于沙鼠，总是会被莫名的焦虑所困扰，总是会莫名地感到不安，这些不安往往不是来自于眼前，而是源于对未来的担忧。总是在不停地为还未发生的事情而发愁、焦虑，总是为了自己将来会走向何方而焦虑重重……如果，你正处于这样的状态之中，一定学着改变，调适心态。要明白，焦虑是导致人类寿命缩短的最大因素之一，因为焦虑往往与抑郁、紧张、惊恐等各种伤害身心的负面情绪紧紧相连。而这些负面情绪对人类的伤害要远远地超过那些实际性的疾病。医学上的种种事实也证明，很多疾病都是因为人类的焦虑和紧张所引发的。

总之，焦虑，实在是人类庸人自扰的一种负面情绪，也许，这种举动在某些时候可以让我们对不顺的现实产生一种抵抗力，但是毕竟可以安然面对这种焦虑而不为所动的人少之又少。为此，面对焦虑时，我们一定要学会以正确的方式调节这种负面情绪，让自己的心情向好的一面转弯。

快乐就在举手投足间

快乐和悲伤仅在一念之间！其实，一个人快乐还是悲伤，皆是因为心态的不同。悲观的人，无论得到什么，无论处于怎样的顺境中，都会愁苦抱怨；而乐观的人，无论失去什么，无论在怎样恶劣的环境中，都能由衷地微笑。为此，要获得快乐，首先要改变你自身的心态。

其实，生活中，处处有阳光，有快乐，只要你摆正心态，举手投足间，便可以发现快乐处处都存在。

希腊神话中有这样一个经典的神话故事：

风神之子西西佛斯因为蔑视众神，被罚到奥林帕斯山上去做一项永无止境的苦役工作。就是把一块巨石从奥林帕斯山徒步推到山顶，但是因为众神诅咒的力量，巨石每当推到山顶的刹那间，就会自动地滚落到奥林帕斯山下面。每天都要重复这周而复始的动作，任务好像永远没有结束的那一天。西西佛斯每天都感到痛苦难忍，过着无望的生活，忍受着灵魂的折磨。

然而，有一天，当西西佛斯正在全力以赴地做这项苦役般的工作的时候，并且开始他每一个动作时，他突然觉得自己搬巨石的动作是那么和谐，那么优美。他快乐极了，开始仔细地、专注地观察自己全力专注的每一个动作，有一种独一无二的尊贵与满足。这个时候，他所有的疲惫、劳苦和绝望都消失得无影无踪，他全身心地欣赏而且享受着这份苦役，不再抱怨和焦虑了。

正在他快乐、满足地欣赏自己的每一个动作时，极为奇妙的事情发生了，诅咒在一刹那间彻底地解除，巨石不再滚回山下，西西佛斯也从永无止境的苦役中解脱出来。

淡然——人生何必太强求

现实生活中，我们是否也有一种感觉，感到自己的命运和生活就像西西佛斯的命运一样，重复着没完没了的事情：青春激昂的梦想被淹没在琐碎的永无了结的凡事之中，使人时时都处于一种欲望与怨恨之中，周而复始，我们便真正地成为了人间的西西佛斯，生活就是那块不断滚动的巨石，在比奥林帕斯山道还要漫长的岁月的河流中无奈地劳作着。这个时候，你的内心充满了绝望和悲观。然而，如果你能用欣赏的眼光去温柔地对待生活中的每一天，每一件琐事的时候，完全可以让你从疲惫和困苦中解脱出来，用精彩的心情去过每一天，四季的亲切，生活的美丽就会将你温柔地包裹起来。为此，如果你能够以温柔之心对待世界，就不会计较雨露对小草与花儿的偏爱，就不会使心在红尘的追逐中受累，那么，你的每一个平淡的日子也会像和煦的春风般永远灿烂如花。

不必为打翻的牛奶哭泣

生活中，很多人因为经历了伤痛、磨难和挫折，便经常将自己沉浸在痛苦之中，拿过去的伤痛去折磨自己，让心灵沉重不堪，让过去的痛苦不停地影响你目前的生活。

其实，这种做法是在拿过去的痛苦来惩罚自己，只有学会及时忘记过去的伤痛，才能获得快乐轻松的人生。

美国加州市一所学校的老师，在任教期间发现班上的学生表面上看起来很用功，但总是考不出好成绩。为此，他在私下里调查就发现，这些学生经常会为自己过去的成绩而感到不安，他们经常生活在过去的阴影里，只要有一次考试失败，他们就会生活在自责之中，以至于影响了下一次的成绩。还有一些心思重的学生，从考完交上考卷时就会为自己的成绩担忧，担心自己不能及格。为了解除学生的这种心理，老师就亲自精心为学生设计了一个特殊的课程。

那一次，老师在上讲台时端了一杯牛奶，在给学生讲课的过程中，无意间就将牛奶放在讲桌上面。所有的学生都不明白这瓶牛奶与自己所学的课程到底有什么关系，只是静静地听着老师在讲课。

忽然，老师站了起来，一巴掌把那瓶牛奶打翻在地上。

课堂上，所有的学生都震惊了，老师让所有的学生都过来，并围拢到洒满牛奶的地方仔细地观察那破碎的瓶子与淌着的牛奶。老师则一字一句地说道："你们仔细地看一下，现在牛奶已经完全淌光了，无论你如何抱怨，再悔恨，也无法取回一滴。事先如果做一些预防措施，牛奶可能还好端端的，但是现在的一切说什么都晚了。现在唯一能够做的就是尽自己最大的努力将它尽快忘记，然后将注意力转移到下一件事情上面。不要为打翻的牛奶哭泣！"听了老师的话，学生们恍然大悟，这节课让他们终生难忘。

过去的已经过去了，再悲伤，再遗憾也已经成为历史，你可以改变以前所发生事情所产生的后果，但是却不可能改变之前发生的事情。我们唯一能把握的就是，好好把握当下的时光，先平静地分析自己所犯的错误，然后再从错误的事情中吸取教训，最终把这种错误忘掉。过去不能够回到当下，为过去哀伤，为过去遗憾，除了劳费我们的心神，分散我们的精力，并没有给我们带来一点好处。

成功学大师戴尔·卡耐基在事业刚刚起步时，曾经在美国的密苏里州举办了一个成人教育班，因为刚起步缺乏管理经验又缺乏财务常识，在他将大笔的资金用于广告宣传和日常的基本开支的时候，却发现自己赔了钱，尽管他的成人教育班社会上的反映是极好的。得知一连数月的辛苦劳动没有任何回报，他的精神近乎崩溃。

卡耐基为此极为苦恼，他不断地抱怨自己的疏忽大意，整天闷闷不乐的，已经无法将事业进行下去了。最终，卡耐基只能去找他小时候的老师求助心理帮助，老师对他说："在任何时候都不要为打翻的牛奶哭泣。"

老师的这句话如醍醐灌顶，卡耐基的忧愁和痛苦也顿时消失了，精神也快速地振作起来，全身心地投入到事业中了，最终取得了巨大的成功。

"不要为打翻的牛奶哭泣"，它与中国的"覆水难收"差不多是同一个意思，但是，这些话听起来很是轻松，做起来却很难。

在任何时候，做好当下的事情是最有意义的事情。很多时候，我们固然不能左右现实，但却可以改变心情；我们不能改变容貌，却可以展现笑容；固然不能控制他人，却可以掌握自己；我们不能样样都胜利，却可以事事都尽力；我们不能决定生命的长度，但是我们可以控制生命的宽度；我们不能改变过去，但是我们可以利用今天。外界的事物左右不了我们什么，重要的是我们当下的心态。

很多人可能会说，过去的事情对我的伤害实在太大了，我无论如何也不能从悲伤中转变过来。不，你完全可以转变的，只需要改变一下当下的心态即可。你可以让自己尽力地平静起来，然后这样想：正因为过去的不幸，才让自己学会了满足于当下的生活。当时的痛苦都已经承受下来了，难道你还没有勇气去面对当前的生活吗？为此，你完全可以怀着一颗感恩的心，这样才能够使自己尽快从昨天的痛苦和烦恼中解脱出来，世界上没有什么坎是过不去的。

生命如花，常"修剪"

生活中，我们经常会因为这样或那样的事情与他人发生冲突，这些冲突和矛盾都会使内心生出许多的烦恼，这个时候，我们就首先要思虑自身的行为，再及时检讨自己，如此才能够保持内心的祥和与安宁。

有一个虔诚的妇人，每天都会从自家的花园中采摘鲜美的花朵到寺庙中来进香。有一天，她像平日那样手捧鲜花来到寺庙中，恰恰遇到了无德大禅师。

无德禅师见对方如此虔诚，就高兴地对对方说："施主每天都这么虔诚地进香听禅，真是令人欣慰啊！你一定会获得相应的福报的。"

这妇人很是兴奋，说道："我每天上香的时候都会心静如水，毫无杂念。但是，一回到家中，就会感到莫名其妙的烦闷，这究竟是怎么一回事呢？我每天在家只要内心一闲下来，就会感到烦闷无比，每天都要重复无数遍繁杂的事情，面对数不尽的琐碎的事情，我如何才能够保持一颗平静、安宁的心呢？"

无德禅师笑了笑，就回答道："我现在问施主一个问题，如果让你摆弄家里的花草，你如何让其保持新鲜呢？"这位妇人回答说道："这很是简单，要保持花朵的新鲜，你就必须要坚持每天换水，而且在给它们换水的时候，一定要及时把花梗裁剪去一小截。这样，花梗就不会因为长久地被水泡而腐烂了，而且能够使花朵更好地吸收到水分。"无德禅师点了一下头，笑了笑说道："同样地，人保持内心的安宁，不被莫名的闲愁所扰乱，也应该如此。我们生活中的大环境就犹如家中插花的花瓶，我们自身就是鲜花。只有及时地净化你的心灵，不断忏悔、改过、自省，才能够让心灵保持原来纯净、安宁的状态。"

生命原本是如花般绚丽多彩的，花朵要保持更为绚丽和鲜艳的色彩，就必须勤剪裁常换水才行。而生命也必须要及时反省、忏悔、改过、检讨，才能保持内心的清净和安详。

是的，生活在如此繁杂的俗世之中，每个人都揣着很多的欲望、迷尘、喧嚣和浮华，我们只有及时自省、忏悔、改过才能够保持内心的纯净，我们也只有这样才能够抵抗外界的所有的干扰，而不受迷

淡然——人生何必太强求

惑，不受侵扰，也只有这样才能够保持自身的快乐和宁静。

"惆怅东栏一株雪，人生看得几清明"

生活之中，多数人都懂得"记住"的好处，但是却不懂得"忘记"的必要性。面对生活中那些令我们烦恼和不快的人和事，那些令我们悲伤和痛苦的伤害，我们就要学会淡忘曾经。忘记是上天赐予我们的洗涤心灵的特殊的礼物！当你学会忘记了，就意味着为自己卸掉了一颗扰乱平静心灵的"定时炸弹"，忘记曾经的不快会让我们避开生命中一切的痛苦，让我们的心灵时刻享受到快乐和幸福的阳光，让我们获得心灵的解脱，从而抒写更为洒脱和惬意的人生！

庄艳是个极有能力的人，是一家公司普通的职员，因为表现突出，工作半年时间就荣升为公司的中层管理人员。她原本与同事的关系处得很好，但是自从做了管理人员之后，为了避免同事疏远自己，她就尽可能地与下属交朋友。因为庄艳的诚心，所有的同事都愿意与她打成一片。

然而，单纯的庄艳也难免遇到同事的伤害。有一次，她无意中听到同事们在私下里议论她的私事，而且口气还十分恶毒，让庄艳很是难受，并且很长一段时间都缓不过神来。随后，公司中谣言四起，给她造成了极不好的影响。为此，她被降了职。为此，她也很是气愤，自己靠努力挣得的工作职位就这样丢了，心中很是不甘心。部门内部的竞争都是极强的，以后再想升职，恐怕会很难。一想到自己的前途，庄艳感到很是迷惘！

一个月后，庄艳接到一个电话，并告诉她出卖她的同事是谁时，庄艳表现得很是镇定，对朋友说道："你不必告诉我了，我已经快把这件事情忘记了！"朋友诧异万分，仔细询问她原因，她说："即便知道了真相，也不能够挽回，我现在要做的就是努力工作，这才是有意义的事情！"

几个月以后，因为庄艳的突出表现，再次升了职。

庄艳是豁达的，面对朋友的伤害，她没有过于追究，而是化悲痛为力量，尽快地将其遗忘，重新开始向新的目标奋进，最终达到了自己的目标。而她如果一直将自己埋藏在痛苦和怨恨之中，那么，可能不会得到另一种结果了。

其实，生命其实就是一个人在单行道上旅行，很多记忆无须带着上路，否则，会走得很累。

苏东坡有语："梨花淡白柳深青，柳絮飞时花满城。惆怅东栏一株雪，人生看得几清明。"人的一生经历再多的痛苦，再多的悲伤，到头来总能够将其慢慢地抹去，一切的伤痛总会过去，我们要做的就是抓住当下的快乐，过好当下的每一寸时光。

忘记过去的悲伤，就是坚强地正视过去，勇敢地面对现在。在很多时候，我们幸福与否，完全在我们的一念之间，既然不能够挽回就不要苦苦追求，优柔寡断势必让我们更痛苦。

忘记过去的伤痛，就能够潇洒地面对尘世间的一些哀伤与泪水，我们应该携带一些微笑与淡然上路。当回望来时的路，才能够发现曾经的美好。

忘记他人对自己的伤害，忘记朋友的背叛，忘记生命中所有的欺骗、愤怒与耻辱，你就会变得极为豁达宽容。

人生短暂，如过眼云烟，悲伤和快乐也仅仅是自己的选择。学会忘记，就能使心灵得到解脱。活在过去，只会让你的人生步履维艰，只有学会遗忘过去，才能够迎接更为辉煌灿烂的明天！

淡然——人生何必太强求

春日看柳绿，秋风见菊黄

我们，不为任何理由和目的而活着。生命就是生命，我们无须为什么理由，只需春日看柳绿，秋风见菊黄，以一种淡然的心态去面对一切，并学着看淡一切，那么，你便不会被任何的忧愁或哀伤所缠绕。

寺院中，一位佛家弟子请教老禅师如何才能达到修行的最高境界，禅师说："困来睡觉，饿来吃饭。无牵无挂，无忧无虑。"弟子觉得很是奇怪，就说道："这么简单的事情，你每天修行原来就做这个啊，怎么就是修行了呢？"

老禅师说道："每个人都要吃饭，但是很多人却不能好好地吃饭，千般地去计较；每个人都会睡觉，但是却不懂得如何好好地睡觉，心中充满了百般的思虑；过于计较，过于思虑，内心就会被这些虚妄的杂念所困扰，就是失去了自我，成了杂念的奴隶！"

其实，禅师的意思就是：事来就来，事去就去，做什么就是什么，无须去过多地计较，去思虑，这样才能达到修行的最高境界。

其实，老禅师向我们道出了生命的实质，那就是凡事不苛求，不计较，不过多地思虑。好好吃饭，好好睡觉，好好工作，对凡事保持淡然的态度，得意不忘形，失意不悲观。不管在任何压力下，都能以一颗平常的心去闲看庭前花开花落，望天外云卷云舒，就能获得内心的安详与宁静，就能活出生命的真色彩。

为此，生活中无论遇到任何事，都无须去计较，无论事态如何演变，都能够平静地对待，并努力做到以下几点，就可以让自己获得无比的快乐。

遇事不虑：即为不管遇到顺心的事，或者不顺心的事，都不要过多地计较，努力用行动去得到该得到的，以平常心看待失去的，淡然生活，无拘无束。

逆境不烦：人生不如意十有八九，正所谓"月无日日圆，人无日日顺"。在我们遇到逆境的时候，一定要看清楚忧虑，并学着去放下忧虑，努力忘记忧虑，不随烦恼而起舞，泰然处之，不为杂念所困，不为顺境所动，忘掉对手，忘掉胜负，这样才能品出生命的真滋味来。

不偏执，不苛求：就是对凡事无须过分执著。要知道，心中只有拥有执著，就会有所期待，当期待落空的时候，就会感到失望至极，甚至会烦躁不安，内心就会无法平静，如果你能够施恩于人，无求回馈，不执于心，心中无所求，便能获得心灵的清净和安宁。

老死不惧：要知道，自然万物，生死仅是自然常理，我们难免会生病，衰老和死亡，为此，如果我们能够无所惧怕，安然自在，拥有"死是生的开始，生是死的准备；生也未尝生，死也未尝死"的观念，便能获得来去无念的自由和惬意！

"人若无求，心自无事；心若无求，人自平安。"只要我们内心时刻都能保持"无求、无舍、无骄、无执著"的平和之心，也就能活得无比的快乐和幸福。

当下才是真

当下才是真，缘去即为幻。意思是说，当下才是生命真真切切的存在，过了当下，一切都成为虚幻了。其实是告诉我们，生命的每一个刹那都是唯一，在任何时候，我们都应该认真把握；当下的每一件事，都要认真去做；生命的每一个人都要认真对待。

生活中，很多人都会为虚幻的焦虑和忧愁而痛苦，甚至有些人，他们不是在为未来而担忧就是长期闷闷不乐，或是为了过去的伤痛而苦闷。如何解决呢？

淡然——人生何必太强求

你要这样想：生命的每一个瞬间都是唯一，当下才是生命最真实的状态，过去了再也不会回头，为此，你只需尽力过好当下就可以了，只需将当下的事情做好，尽力地使当下快乐就可以了，不必为了明天或者后天的事情担忧或烦恼。

小杰瑞在很小的时候，父亲就在一次事故中离开了他。从那之后，他的内心就处于痛苦之中。每天都茶饭不思，郁郁寡欢。这种悲伤的状态持续了大约有大半年的时间，周围的人都说杰瑞是个懂事的孩子，而她的母亲却十分为他着急，因为在大半年的时间中，他不好好吃饭，不好好生活，这样下去，他的身体一定支撑不下去。

母亲看到他这样，也很难过，但是又不知道如何说服他。有一次，杰瑞的爷爷来到他家中，看到此种情形，就决定要与他聊聊天。

"这段时间，你为何看上去那么忧伤呢？"爷爷问他。

"因为爸爸永远地离开了我，他再也回不来了。"他回答道。

"那你还知道什么也永远回不来了吗？"爷爷问道。

"呃？不知道。还有什么会永远地回不来了呢？"他反问道。

"你所度过的所有的时间，以及时间中的事物，过去了就永远无法回来了。你的昨天过去了，它就会变成永远的昨天，以后我们也无法再回到昨天弥补什么了；就像你的爸爸和你一样大的时候，如果他在你这么小的时候不快乐地去玩耍，不好好学习，不好好吃饭、睡觉，不牢牢地为未来打基础，就再也无法回去重新来一遍了。"

杰瑞听了爷爷的话一下子明白了，从此之后，他每天放学回家后，都会在院子中看着太阳一寸寸地沉到地平线下面，并告诉自己一天真的就这么过完了，虽然明天还会升起新的太阳。他也不再沉湎于悲伤之中，开始振作起来，好好地学习和生活，认真地把握生命中的每一个瞬间。

生命中，每一个时光都是唯一的，不可复返的，为此，我们一定要学会活在当下，不要让未知的明天或者过去的忧愁将当下的时光浪费掉。

一位哲人曾经这样说："只要你无限地珍惜此刻和今天，还会有什么事情值得我们去担忧的呢？每天只要活到休息的时间就完全够了，不知抗拒烦恼的人总是能够英年早逝。"现实生活中，也的确如此。如果我们每天都活在忧虑之中，身体早晚会被过去与未来的事情所拉断。

如果你还想不开，还在不停地为虚幻的事情所担忧，那么，你就这样安慰自己：过一天算一天，如果我们将自己的精力用来更多地关注眼下的时光与日子，并且能够将日子分成一小段一小段，你将会过得充实和快乐得多。如果我们生活在生命的每一个片刻，就会没有任何时间去后悔，没有时间去担扰，那么，所有的烦恼将不复存在。

莫让一丝烟雨迷失了整个季节

莫因一丝烟雨迷失了整个季节，其实是说，生活中，我们切莫为了一点小事让自己的心处于烦恼之中。一位作家说过："在很多时候，让我们疲惫的并非是脚下的高山与漫长的旅途，而是自己鞋中的一粒微小的沙砾。同样地，生活之中，影响我们快乐心情的恰恰就是生活中一些极为微小的事情"。比如，因为孩子调皮，打碎了玻璃，使你心情陷入烦躁之中；早上挤公车因为别人无意踩了你一脚而大发雷霆，整个一天，心情都处于郁闷之中；因为不小心丢落了东西，而使我们心情一个星期都处于郁闷之中……这些事情看似很小，但却足以吞噬掉我们一时乃至一天的好心情。

淡然——人生何必太强求

刘婷就经常会被一些"小事"绊住脚，特别是最近一周，她感觉"诸事不顺"：在周一上班的路上，因为认错了人而十分尴尬，一天下来都为自己的行为而感到不安；周三的时候，又因为上班迟到而受到领导的批评，心情一天都极其低落；在周五的时候，孩子因为在学校与人打架，而被老师通知到学校一趟……

这样的小事经常发生在刘婷身上，她常常感觉自己太倒霉了，这些小事时常影响着她的心情，脑子中经常绷着一根弦，每天都处于紧张中，还是不时会出乱，自己都觉得快撑不下去了……

其实，早在两千多年前，雅典人伯利克里就曾经留给后人一句忠言："请注意，你已经将太多的精力在一些小事上面纠结了！"这句话，对于今天的人们来说，仍旧是极为值得品味和借鉴的。

对于我们多数人来说，生活都是由无数的小事组合而成的，如果我们过多地拘泥、计较小事，那么，我们的人生也没有什么意义和乐趣可言了，我们身边到处都是烦恼、痛苦、矛盾与冲突。

现在，你完全可以静下心来想一想：你在街上逛街，别人不小心踩到了你，把你刚买的新鞋弄脏，或者别人在无意间撞到了你；忙碌了一天回到家中，想休息一会儿，而妻子却在旁边唠唠叨叨……此时此刻，如果你不大事化小，小事化了，不懂得去控制自己的情绪，而是口出污言秽语，或者对别人大发雷霆，就有可能会闹出更大的麻烦或祸端来，等于将自己置于更大的烦恼和痛苦中。

生活中，很多小事不可避免地会发生，但是作为一个理智的人，必须要学会控制自己的情绪与行为，尽力敞开心胸，才不至于因小失大。

人活在世界上，理应开朗、豁达，应该活得更为超脱一些的，但是如果凡事都去计较，都放在心上，那只是在给自己徒增烦恼。要知道，在任何时候，人的精力是有限的，如果你过于计较小事情，那么，对人生中的一些大事的注意力与处理能力就一定会淡化，甚至无暇顾及了，这也就意味着你将会失去更多。所以，我们要学会去勇于放下，"糊涂"地对待一些小事，这样才能让自己收获更多重要的东西。

抓住生命赐予我们的最好礼物

美国著名作家斯宾塞·约翰逊有一本叫做《礼物》的书，其主要的内容是这样子的：

一位智慧的老人告诉一个孩子，世界上有一种特殊的礼物，它可以给人带来快乐和自由，而这个礼物只有依靠自己的力量才能够找到得。

于是，这个孩子就想：如果找到了这个礼物，这一生也算是没有白活。为此，他开始拼命地去寻找，越是拼命地去寻找，越是感到不快乐，而他生命中的那个珍贵的礼物始终没有出现。

后来，当这个孩子到青年的时候，几乎用尽了所有的办法在寻找。但是，他越是拼命地寻找，越是感受不到快乐，而他生命中那个最为珍贵的礼物也始终没能够出现。

最终，年轻人就决定放弃了，不再这样漫无目地地找下去。后来，这位智者就告诉年轻人：你一生都在拼命寻找的礼物其实一直在你身边，这个礼物就是——"此刻"！

现实生活中，我们也会像年轻人一样拼命地追寻有形的"礼物"，却往往忽视了自己早已经拥有的无形的礼物：此时此刻。在这个充满焦虑和烦恼的社会中，这份"礼物"更能够帮助我们重新发现幸福生活的真谛。

淡然——人生何必太强求

只有活在此刻,我们才能够感受到生命中真正的幸福,这主要是说,我们不必为已经失去的东西而懊悔,也不必为得不到的东西而遗憾,珍惜当下所拥有的才是最为重要的。

年轻时,我们总是认为,幸福就是拥有富贵的多寡,是对名利的一种企求。只要我们能够大富大贵,名利双收,就能获得真正的幸福。然而,佛说:"幸福并非是一种傲人的资本,也并非是虚名所能够满足的,因为幸福并非是以权势的高低和功名的显赫为标准的。真正的幸福就是珍惜你当下所拥有的。"

天地万物,自然轮回,我们生活在这样的一个空间中,必然是要遵守生老病死、稍纵即逝的规律。历史不会为我们所守候,生命的年轮总是随着日出日落而辉煌、消遁,而幸福的生活就在此刻,只要你能珍惜当下所拥有的,便能享受到生命永恒的快乐。为此,劳累一天,精疲力竭还要加班加点的我们,是否也应该尽快地停下脚步审视一下自己,这样的忙碌是为了什么?我们生活的意义究竟是什么?生命的价值又在哪里?当你的脚步慢下来,也许我们就会翻然醒悟,在当下的这一切,享受当下所拥有的东西,才是上天赐予生命的重要意义。

第7章 祛除浮躁，打造淡定内心

我们之所以困苦，是因为内心迷惘，太过浮躁。浮躁是成功、幸福和快乐的最大敌人。我们要克服浮躁，内心就要练就一种淡定的力量，遇事多思考，要有务实精神，脚踏实地，才能让心灵归于宁静。同时，也要经得住诱惑，耐得住寂寞，才能获得内心的笃定与超然。冷眼看尽繁华，平淡面对得失，畅达时不张狂，挫折时不消沉。你就会发现，成功和生命中一切美好的事物都在你身边，从未远离。

淡然——人生何必太强求

铁牛不怕狮子吼

有这样一句歌词："铁牛不怕狮子吼，恰似木人见花鸟。木人本体自无情，花鸟逢人亦不惊。心境如如只个是，何虑菩提道不成！"其实，这主要是告诉我们只要你的内心是清净的，是祥和的，是安静的，是不会受到外物的影响的。其实，也就是让我们保持一颗平常心，不必为任何外物而影响了自己的心志。

苏东坡在瓜州任职的时候，经常与金山寺的住持佛印交流做文之道，悟禅心得。两人在一起，生活得很是快乐。

有一天，苏东坡就认为自己对禅已经领悟到了一个极高的程度。为此，他就写了一首诗来阐述自己对禅道的理解，最终，他拿到佛印那儿去印证。诗中这样写道："稽首天中天，毫光照大千。八风吹不动，端坐紫金莲。"大致的意思是说，我顶礼伟大的佛陀，蒙受到佛光的普照，我人内心已经不再受到外在世界的任何干扰和诱惑了，就像佛陀端坐在莲花座上一样。

佛印看到了苏东坡写的诗以后，笑着在上面写了两个字"放屁"，随后就让书童送还给苏东坡。当书童把这首诗送给苏东坡以后，苏东坡立即火冒三丈，马上动身去找佛印理论。当他怒气冲冲地跑到金山寺，就远远地看到佛印静静地站在江边。禅师就告诉他说："我已经在这里等候你多时了。"苏东坡看到对方这样气定神闲，就气冲冲地对对方说道："大禅师啊，我们是至交，我所写的诗，你既然看不上，也不能这样侮辱人啊！"老禅师说："我没有侮辱你啊！"而苏东坡则理直气壮地把诗上面所批注的"放屁"两个字拿给老禅师看,这样说道:"这不是侮辱人是什么呢?今天我是一定要向你讨个公道的,你一定要给我一个说法才行!"

佛印听罢此话,就哈哈大笑说道:"还'八风不动'呢!怎么'一屁'就打过江来了呢?"

苏东坡顿时无语。

世人总是太在乎他人的眼光和看法,然而连圣人也不可能做事处处都合他人的心意,你又怎么可以的呢?"八风吹不动"说得很容易,但是做起来却是很艰难,那需要我们能够拥有一颗安详的内心。不再受他人思想的摆布,最终我们也是会像佛一样,会活得平静,活得心安理得。

其实,这里所谓的"八风"主要是指保持一颗安详内心的标准,也就是佛家所讲的不被利、衰、称、讥、誉、毁、苦、乐(即顺利、衰败、称赞、讥讽、名誉、诋毁、困苦、快乐)所困扰。

佛可以在任何时候都能以平和的心态面对一切,而我们常人所缺乏的也正是这种"安详"的心境。学佛,念佛,达到不为他人和外界的冲突而改变的一种至高的境界。

在当下的社会中,几乎没有人会不受这"八风"所困扰,保持一颗安详的内心真的很难。就拿讥讽、诋毁来说,生活中,很少会有人在面对他人的讥讽和诋毁而不为所动,心平气和。面对这些,我们难免会愤怒,不满,最终让自己陷入苦海中不能自拔。为此,我们一定要经常自省,在自省中修练出一种"顺其自然"的平常之心,这样才有可能让自己不流于世俗,不受"八风"所困。

用"心"咀嚼生活的原味

平淡是生活的真滋味,无论你是一个怎样的人物,无论你再翻云覆雨,再功成名就,最终还是要归附于平淡。平淡的生活看似无

淡然——人生何必太强求

奇，但是它却是生活最真切、最深的滋味！那些从容淡定的人，懂得生活的真正意义所在，会用一颗平常心去对待生活，咀嚼生活的原汁原味，去感悟生活的真正之美。

一位饱经沧桑的哲学家说过这样一句话："年少的时候，总觉得人生应该像大海一样波澜壮阔，才不枉走一生。但经过几十年的风风雨雨之后，才恍然大悟：人生中精彩的事情占5%，痛苦的事也占5%，剩余的90%则全部都是平淡。只可惜，人们往往会为了那5%的精彩而整日劳累奔波，为了那5%的痛苦而不停地怨天尤人，却忘记了在这90%的平淡中享受生命的快乐与幸福。"

为此，我们可以说，平淡是生活的本质。既然如此，我们又何必为了那仅仅5%的精彩而整日劳累奔波，为了那5%的痛苦而不停地怨天尤人，却忘记了在这90%的平淡中享受生命的快乐与幸福呢？

一位能干的年轻人，总认为生活的真滋味就是赚取更多的财富，然后住豪宅、开好车，尽情地享受生活。于是，他总是苛求自己努力工作，但是，时间一久，他又觉得自己的生活充满了枯燥、烦闷和痛苦，每天为了完成一个项目会寝食不安。但是，他仍旧觉得等自己以后有钱了，一切都会好了。

有一天，这位年轻人到乡下去散心，他看到一家卖早餐的夫妇，他们穷得很，每天也只能挣到够维持他们基本生活的钱，但是他们的脸上却挂着幸福的微笑，孩子们也玩得很是高兴，他们的幸福和快乐并没有因为贫穷而减少。

这位年轻人觉得很是奇怪，便不解地问这位妻子："你们这么穷，为何还这么快乐呢？"

这个女人放下手中的活，用极度轻松的语气回答道："我们是没钱，但为什么不快乐呢。想着我们一家人可以整天在一起劳动，父老乡亲可以享受我们的美味食品，我们又可以交到很多的朋友，我们为什么要觉得不快乐呢？"

这位年轻人顿时怔住了，惊诧不已，原来，平淡才是生活的常态，快乐和幸福并不会因为你贫穷而远离你……

在漫漫人生道路上，当你经历了酸、甜、苦、辣、咸以后，才知道"淡"的可贵。年轻人与卖早餐的夫妇在物质上是不成正比的，但是在精神方面，前者并不比后者开心。卖早餐的夫妇过的是极为平淡的生活，但是他们却能够真切地体味到其中的快乐和享受到其中的幸福，就是因为他们拥有一颗平常心。

生活中，很多人每天早起、上班、下班……我们多数人在多数时间可能都生活在这种按部就班、周而复始的平淡状态之中，这就是生活的常态。但是，有人却总是不甘心过如此风平浪静、波澜不惊的生活，总觉得这样体现不出自身生命的精彩来，为此都极为烦恼。其实，这些人都是庸人自扰，其实，平平淡淡才是真真切切、原汁原味的生活，才是富有品位和情趣的生活。为此，我们没有必要用别墅、汽车、金钱、珠宝……这些看似光彩夺目、诱惑人心的东西来打破我们享受平淡生活的快乐。当然，要做到这些，就一定要修炼一颗平常心，以平常的心态看待你所拥有的一切。

安于本分做人

本分，是像泥土一样实在的人格，在浮躁的社会中，它经常被人所忽视。然而，它却是一个人取得成功的重要条件。本分，其实是一个人可贵的品质。

恪守本分，就是祛除内心的浮躁，尽自己的责任和义务，踏踏实实做事。

一位官员，自从他上任的那天起，就一直恪守本分，从事革命工作几十年，两袖清风，忘我工作，为当地的经济发展作出了极大的

淡然——人生何必太强求

贡献。

他退休以后，主动放弃进省城安度晚年的机会，许下了"退休以后给家乡办一两件事"的诺言，扎根山区，义务植树造林。他白手起家，捡果核做树种，一干就是22年，硬是在荒山野岭建起了几万亩价值数亿元的林场。

在他死后，他又将林场无偿地献给国家，它就是云南保山地委书记杨善洲，他的"本分"就是永远鲜明的公仆本色和强烈的百姓情怀。

安于本分，其实就是拒绝浮躁，安于自身所处的地位和环境，对自己有正确的估价。已故的鲁迅的儿子周海婴作为名人之后，他一生淡泊名利，在公众场合，几乎不愿提鲁迅，在别人面前，也从不炫耀自己是谁的后代，他反对靠父母的余荫生活。他和蔼可亲、为人敦厚，虽贵为名人，但是为人处世却能够平易近人，这是一个很"本分"的可敬的老人。

本分是一种极为可贵的品质，它正像泥土一样，以丰厚的养分和坚实的基础支撑起人格的参天大树。花木扶疏，离不开泥土；事业有成，离不开本分。摒弃偏见与误解，做一个本分的人。做一个真正的本分人，于己光明磊落，问心无愧，于人海纳百川，实现人际的和谐和共赢。

在平淡中享受生活的真谛

著名作家王蒙说，"我更向往自己未成名前的平平淡淡的读书生活"。每个人的人生都不容易，要保持平淡的心境则更难。

生命本身很平淡，人生的过程本身也是一个极为平淡的过程。生命的更迭一如树上的落叶一般，当初不过只是一星鹅黄，继而碧绿、暗淡后，最后化为泥土。就像我们当初赤手空拳来到这个尘世，若干年后依然赤条条地归于尘土,这是尘世所有生命运行的基本轨迹。

在任何时候,如果我们能够以淡然的心境去体会世界的一切得失,以一颗平常心去感受生活,便可以获得一份幽雅美丽的心境,脱离心中的一切不甘心,最终才能获得无比惬意和洒脱的人生。

显微镜的发明者列文虎克是一个平凡的人,他的伟大成绩,就是在平淡的生活中打磨出来的。

列文虎克本是农民出身,是荷兰一个小镇镇政府的守门员。守门的工作是极为枯燥乏味的,但是,他在这个岗位上却能够兢兢业业,他一不打扑克去消磨时间,二又不泡咖啡馆,又不去喝酒聊天,而是充分利用业余时间去打磨镜片。虽然打磨镜片既费时又费工,但是他却乐此不疲,兴趣盎然,就在这日复一日,从不间断中,一直打磨了60年,他磨出的复合镜片的放大倍数超过了当时专业技师的产品。凭借着他自己打磨出的镜片,他又潜心研究,终于发明出了显微镜,最终揭开了当时科技领域尚未知晓的微生物世界的神秘面纱。凭借着这项伟大发明,他被授予巴黎科学院院士,最终声名大振,极为平淡的他却做出了如此不平凡的成绩。

人类的许多伟大的发明和思想都是从平淡的生活中被发掘出来的。为此,可以说,平淡见神奇。平淡的生活能让人回归宁静,能让人不受名利的驱使、欲望的煎熬,所以那些有大作为的大师们最终都甘于回归平淡,并在平淡中取得巨大的成绩。

平淡是一种人生境界,也是最为真切的生活。平淡不是懦夫的自暴自弃,而是智者的胸有成竹;不是看破红尘后的心如死灰,而是经历风雨后的大彻大悟;也不是碌碌无为的得过且过,而是从容处世的潇洒自信。其实,平淡的生活是一种最为安逸和幸福的生活,它没有喧闹的繁杂,没有世俗的烦恼,更没有过分的欲望,而只有一份

淡然——人生何必太强求

从容，一份淡然，一份平淡的快乐，在平淡中享受到生活的真谛。

给生命一个助跑的过程

很多人在追求成功的道路上，总是急于求成，于是孤注一掷，将大部分的精力全部用于工作中，将自己折磨得疲惫不堪，而且也没能达到最后的成功。于是悲观、失望，才发现，一个人的成长、成熟和成功，是一个不断积累的循序渐进的过程，急于求成，只会让失败来得更快一些，应该在适时的时候，给生命一个助跑的过程。这样，才能够深切地体会到成功的真正意义。

秃鹫是天空中常见的一种鸟类，它的俗名叫"座山雕"，被人们誉为草原上的"神鹰"。它通常都栖息在海拔1500～5000多米的高原上，平均体重达7～11公斤。秃鹫每次张开翅膀以后，它的整个身体就有2米多长，能够长时间地飞翔在空高中。

当秃鹫在湛蓝的天空中盘旋的时候，它宽大有力的翅膀，可以遮掩住太阳，你甚至还能够听到他的双翅在空气中"哗啦，哗啦"扇动的声音。它一旦发现猎物，便会如利箭一般地俯冲而下，褐色的羽毛在阳光之下闪烁着闪亮的光泽，就像闪电一般，它甚至能够捕杀草原上的野狼。

有一次，在草原上，一位猎人意外地捕捉到一只秃鹫，他将这只难得捕获的秃鹫关进一个不到一平方米的围栏中。围栏的顶部完全是被敞开的，从围栏中可以高高地仰视到天空。

然而，秃鹫处于这样的围栏之中，无论如何也飞不起来，最终，它也只能在围栏中使劲地徘徊，做无奈的囚徒。

原来，秃鹫虽然雄健有力，能够翱翔上空万里，但是却在飞上高空之前，需要一个助跑的过程。它需要先在地上奔跑约三米，然后才能振翅起飞。别小看这短短的几米，决定了秃鹫是否能够翱翔直上，成为一只勇猛的大鸟。而在这个十分狭小的围栏中，它完全没有空间可以助跑，为此，它根本无法腾空而起。

生活中的人类何尝不是如此！很多人，尤其是年轻人，一踏上社会就想一鸣惊人，名利双收地拥有一切，于是急功近利，不注重人生的积累，最终是很难起飞的。而相反，能不辞辛苦地为自己搭建一个好的助跑的舞台，从而将优势不断地发挥出来，才能够逐渐地达到事业的高峰。那么，就像秃鹫一样，给生命一个助跑的过程吧，这样，我们才可能在蓝天上展翅翱翔，飞得更高。

要知道，在很多时候，助跑的过程其实就是让自身的能力发挥到极致的一种积极的措施，就是为了让自己跑得更快，跳得更高、更远。然而，助跑的过程是个漫长的过程，但是没有这个过程是很难达到成功的！只要我们慢慢积累，不急躁，不浮躁，心中向前一个目标，最终可以让自己飞得更高，跳得更远。

清空你的杯子，方能再行注满

"清空你的杯子，方能再行注满，空无以求全。"一代武学宗师，功夫巨星李小龙极为推崇这句话。他这样说道，空杯心态就是对过去的所有的荣耀、挫折和磨难的一种舍弃，也是对自我的一种否定，舍弃之后才能获得更多。当然，否定自己是需要很大的勇气的，但是只有如此才能找到自己的差距与不足，找到自己应该努力的方向。一个人应该舍弃的东西有很多，比如懒惰、得过且过地混日子，等等，这些思想是最应该舍弃的。

任何人的人生都是一场盛宴，绝对不是一道好菜。任何一个人都不能为了小小的成绩而得意忘形，或者是甘于认命。尤其是当我们还是青年的时候，更要学会空杯，既不能因为一时的失败或者挫折而一蹶不振，更不能因为取得一点点小小的成绩而得意忘形，我

淡然——人生何必太强求

们一定要时刻"空杯",勇于放下,这样才能够取得更好的成绩,你的人生也才能够达到一个全新的高度。

一个刚刚走出校门的大学生,因为心高气傲,但是又不脚踏实地,所以,经常受到上司的批评。为此,他每天都垂头丧气,郁闷至极。后来,他就找到一位智者,希望他能够告诉他成功的秘诀。

大学生将自己当下不如意的境况都说了出来,说自己以前的人生是如何的辉煌,但是到工作之后却很是不顺心。听了大学生的话以后,智者没说什么,而只是微笑着随手拿起一杯装满茶水的杯子,放在大学生的面前。然后,自己又从旁边提来一壶茶,慢慢地往玻璃杯中倒。就这样一直倒着,直到溢出的茶沿着杯壁流到了地上。但智者好像还没有要停止的意思,直到大学生使劲地喊出来:"您别倒了,再倒就浪费了!"

终于,智者将茶壶不紧不慢地收回,说道:"你的话正是我想说的,这杯茶和我想教给你的东西是一样的——都是浪费。你已经像这个杯子一样装满了忧愁和烦恼,已经容不下其他东西了。你还是先把你内心的一些消极的思想舍弃后,再来找我装其他的东西吧!"

听罢,年轻人终于明白了智者的真实意思,从此不再怨天尤人,调整了心态,找到了工作的真正意义,将自己的兴趣融合起来。不久,他就升了职。

拥有"空杯"心态,就是将心中的"杯子"倒空,将自己以往所重视、在乎的东西以及曾经的辉煌从心态上彻底地清空了,才能够拥有更大的成功。这是每一个职场人士必须要拥有的心态。

在任何时候,我们不要把过去当一回事,永远从现在开始,进行全面的超越!当"归零"成为一种常态,成为一种习惯,成为一种延续,一种时刻不断要做的事情的时候,也就完成了职业生涯的全面的超越。"空杯"心态并不是一味地否定过去,而是要怀着否定或者说放空过去的一种态度，去融入新的环境，对待新的工作，新的事物。

擦亮心灵的窗户

对于一个初识世界的孩童来说，周围的一切都是纯洁无瑕的，一切都是新鲜的，眼睛看到什么，就会是什么。人家告诉他这是房子，他就认识了房子，告诉他是砖头，他也就认识了砖头。然而，随着年龄的增长，经历的事世越来越多，就会发现这个世界太过复杂，心中难免会蒙上一层厚厚的尘埃：周围的一切不再是纯洁的，怀疑、不平、猜忌、警惕，等等，房子不再是单纯的房子，砖头也自然不是单纯的砖头。一切的事物都是自身意志的载体，总是会将简单的事情复杂化，你如果处于这样的阶段，不及时拂去心灵的尘埃，那么，只会置自己于痛苦和烦恼中。

有一天，一位妇女在阳台上晾衣服的时候，转眼就看到邻居晾着的衣服中有一大块黑色的污垢，她就想道："这家人怎么搞得啊，衣服都洗不干净，她家中一定很乱！"

第二天，这位妇女再一次发现邻居晾着的衣服中又有了一块污垢，她就想道："真是无可救药了，怎么会有这样的一家人啊！"

每天，她在晾衣服的时候都会发现这样的情况。

这一天，她终于无法忍受了，就对丈夫抱怨说："对面那家人怎么搞的，衣服怎么没洗干净就晾起来了！"

丈夫听了很是奇怪，就来到了阳台边，顺着妇女手指的方向望去。果然，对方阳台上晾着的衣服上有很大的一块脏东西，在阳光下很是显眼。这个时候，一阵风吹过来，衣服就开始摇摇晃晃，在风中不停地飘动着，丈夫才发现那衣服与"污垢"很是不对称。她就走到窗户旁边，拿起洁净的抹布向玻璃窗擦拭了一下，又使劲地向它

淡然——人生何必太强求

哈了一口气。

"这下不就干净了吗?"丈夫笑着对她说道。

那衣服在阳光下摇摆飘逸着,是如此的雪白无瑕,没有任何的污垢。

最终,妇女自己也哑口无言,原来是自家的窗户脏了。

在很多时候,我们擦亮自己内心的窗户以后再去看这个世界,就会发现这个世界根本不像自己想象的那么"脏"!

生活有其原本的面貌,面对一切世事,只有以一颗平常心去面对,多信任别人和理解别人,烦恼就不会存在了,因为很多事情本身就是生活的原本的状态。只要你勤于擦亮你内心的窗户,那你看到的一切都会是清彻明亮的。

任凭风浪起,稳坐钓鱼台

生活之中,多数热血青年认为青春应该是充满激情的,为此,很多年轻人在处世的过程中总是苛求自己尽自己最快的速度完成任务或者达到目的,最终,让自己陷入痛苦和烦恼之中才发现,很多事情是需要一些耐心的,只有拥有任凭风浪起,稳坐钓鱼台的境界,才能让自己达到既定的目标。

有一位心浮气躁的年轻人到河边去钓鱼,他的旁边坐着一位垂钓的老人。二人相隔而坐,距离很近。然而,令人奇怪的是,老人家不停地有鱼上钩,而自己一整天都没有什么收获。最终,他终于沉不住气说:"我们两个人用的鱼饵相同,地方一样,为何你却能钓到,而我却一无所获?"

老人很从容地说:"我钓鱼的时候心平气和,忘记了有鱼,所以手不动,眼也不眨,鱼不知道我的存在;而你心里只想着鱼吃你的饵没有，连眼也不停地盯着鱼，见鱼刚上钩就急躁，心情烦乱不安，鱼不让你吓跑才怪。"

任凭风浪起，稳坐钓鱼台，只有拥有这样的境界，我们才能够钓到鱼，在追求的道路上达到既定的目的。要知道，生活中的很多事情就如鱼竿上的鱼一样，对待它也不可太过急躁，否则，不仅钓不到大鱼，而且还会给你带来一些负面的情绪。

日常工作中，很多人可能都有这样的心境：只要有等着自己去做或者处理的事情，就会马上动手去做，既不认真准备，又不做周密的计划。遇到烦琐的事情恨不得"快刀斩乱麻"，做什么事情都想一下子把问题解决掉，问题一旦解决不了，又极容易产生挫败感，消极沉闷。在这个时候，你也往往听不进去他人的意见与建议，甚至烦躁的心情还会让你对那些提意见的人大发雷霆……感觉自己的神经就像被绷了一根弹簧一样，仿佛永远无法平静下来！

其实，你是完全可以祛除浮躁，平静下来的。你只需要舒缓你自己的情绪，只要心中默默地念道：好，好，慢一点，静下来，不必急。并努力让自己心平气和地坐下来，放松神经，不刻意去思考能扰乱你思绪的问题，让自己的思维随风飘荡，闭上眼睛，让整个人都能感受到一种似有似无，天马行空的感觉，或者集中精力听一种声音，比如闹钟的滴答声。等你的精神彻底地松弛下来以后，然后再轻松地想象事情发生的各种场景，将自己置于其中，从而找出最好的处理方法。

对于任何一个人来说，耐心和静心都是可以慢慢地培养的，不要对自己要求过高，也不能过分地苛求他人，理性而积极地认清楚自己，这样才能让自己做出正确的选择与判断。做任何事情的时候，尽量做出计划，同时，也不可让计划过于完备，要预留一些自由度。俗话说："计划赶不上变化"，一个真正周到而有耐心的人，是极善于在坚持自己的原则之下灵活地变通，这样才能够让自己处于极为平静的状态之下，有条不紊地达成自己的目标。

莫为一时的虚荣毁了一辈子的快乐

何谓"虚荣"？"虚荣"即为表面上的光彩。虚荣心是指，追求、爱慕表面上光彩的思想、心态、观念和意识。一个人如果只追求表面的光彩，只能得到一时的满足，而将自己的心拖入永久的疲惫中。

很多虚荣的人，都认为工作一定要比别人好、工资要比别人高、人脉要比别人广、升职要比别人快、衣服要比别人贵、房子要比别人大、吃的要比别人讲究、用的要比别人高档……可是要样样都比别人好，就必须比别人付出更多的努力。如果一个人将所有的精力和时间浪费在没完没了的比较中，带给他的只能是心情越来越紧张和焦躁，感觉越来越累，快乐越来越少。

虚荣固然可以让我们荣耀一时，但是，你需要付出多少来为这一时的灿烂买单呢？莫泊桑的《项链》描写了这样一个故事。

玛蒂尔德是一个漂亮的女子，但是却出身贫寒。因为长得漂亮，所以她认为，只有王子、香水和昂贵的珠宝才能与他相匹配。然而，现实却捉弄了她，她最终嫁给了一个小职员。

但是，玛蒂尔德并不甘心，他对贵夫人的生活心驰神往，总是渴望自己能够穿上一件漂亮的长裙，再戴上一挂美丽的钻石项链，她认为，只要她拥有这些，完全可以使上流社会的小姐和夫人们黯然失色。

终于，她等到了一个绝佳的机会。有一次，她被邀请去参加公共教育部长和夫人举行的盛大的晚宴。为了能让自己成为众人的焦点，她的虚荣心疯狂地胀了起来。她买了件新衣服，化了精致的妆容，还特地从朋友弗莱斯蒂埃太太那里借来了一串钻石项链。一切准备就绪，只等着晚会的时候大放光彩。

果然，她成为了晚会上最出众的女人。晚会后，她仍陶醉于被人仰望的快感之中，久久不能自拔。当她对着镜子卸妆的时候，赫然发现脖子上的钻石项链不见了，怎么找也找不到。

后来，她和她的丈夫开始省吃俭用，劳苦工作，用了整整10年的时间才挣够了赔偿这条钻石项链的钱，而那晚光彩照人的玛蒂尔德早已变得苍老憔悴。

玛蒂尔德为自己一时的虚荣赔上了自己一生的青春和幸福，这是得不偿失的。可见，虚荣是人生的一大悲哀。人生很短暂，真正属于自己的快乐更是珍稀，为何还要为了迎合别人而劳累自己呢？为什么不能为了自己真实而快活地活一次呢？而且，人的价值是靠实力来支撑的，并不靠靓丽的外表来体现。

美国文化精神领袖爱默生曾告诫年轻人：幻想成功、追求名誉无可厚非，但更重要的是脚踏实地的精神。他说："当一个人年轻时，谁没有空想过？谁没有幻想过？想入非非是青春的标志。但是，我的青年朋友们，请记住，人总归是要长大的。天地如此广阔，世界如此美好，你们需要的不仅仅是一对幻想的翅膀，更需要一双踏踏实实的脚！"

清空心灵的"回收站"

飞快的生活节奏，让人们的生存压力不断地增大。很多人在工作和学习的某个阶段，总会感到莫名的烦躁和压抑。在这个时候，如果你能够及时地调整，摆脱当下的生活状态，去寻找另外一种生活，及时清除心灵的"回收站"，就可以让自己获得瞬间的惬意和自在。

有一位哲学教授，在一堂课上向学生们讲述了一段自己的亲身

淡然——人生何必太强求

经历：

"那段时间，家庭和生活等各方面都极不顺利，总觉得自己的周身都沉甸甸的，整个人都陷入一种莫名的烦躁和压抑之中，不知如何调节。"

"那一天，我就向学校请了三个月的长假，然后给家里所有的人说，这三个月中不要打电话打扰我，也不要问我在什么地方，要去什么地方。因为我自己也不清楚自己会到哪里。当时的我已经完全厌倦了日复一日单调的工作，心灵中背负了太多的'垃圾'，需要做点自己喜欢的事情，将垃圾及时清理掉。"

"接下来，我只身一人去了东北的一个农村，趁着假期去尝试着过另一种全新的生活，在那里，我做着各种各样的工作，到农场去打工、给饭店刷盘子。和农民们一起在田地里做工时，我背着老板躲在角落里抽烟，或和工友偷懒聊天，这让我有一种前所未有的愉悦。"

最终，他还说了一件十分有趣的事情，就在他回家的途中，在一家餐厅找到一份刷盘子的工作，只干了四个小时，老板就把他叫了过来，给他结了账，并对他说："可怜的老头子，你刷盘子刷得太慢了，你被解雇了。"于是，这个"可怜的老头子"就又重新回到讲台上，回到自己熟悉的工作环境以后，却觉得以往再熟悉不过的东西都变得极为新鲜有趣起来，工作完全成为一种全新的享受。

最后，他这样说道："那三个月的经历，像一个淘气的孩子搞了一次恶作剧一样，新鲜而刺激。并且有了这次经历之后，一切在他眼里就如同儿童眼里的世界，一切都充满乐趣，也不自觉地清理了原来心中积攒多年的'垃圾'"。

在长期压抑单调的工作中，每个人的心灵都会积下太多的"垃圾"，正是这些"垃圾"，让我们不堪忍受，这个时候，就要及时将它们清理掉，随时从零开始。有了这种精神，一个人才能够在人生的道路上越走越远。

当一个人一味地沉浸于以往的成功、荣誉、辉煌、掌声或成绩中，很容易会迷失自我；同样地，如果一个人太在乎昔日的失败、痛苦、无能、平庸或污点的话，只会使自己裹足不前。这些虽然是暂时的状态，但是却是永久的束缚，不如及时将它们清理掉，这样才能让自己走出烦躁，随时以全新的面貌和心态去对待工作和生活中的事情，才能摆脱种种束缚，才能不断迈步向前。

君子之交淡如水

社交是现代人一个极为重要的部分，酒桌饭局无休止的应酬，让心被物欲所累。然而，要知道，真正的朋友是无须世俗的客套的，这样的友情才能让人体会到与朋友相处的快乐，才能不让朋友成为你的一种负累。

唐朝名将薛仁贵在未得到朝廷重用之前，生活很是艰苦，与妻子一同住在破窑洞中。他们衣食亦无着落，这个时候，全靠一位叫做王茂生的朋友接济。

后来，等薛仁贵参军以后，在跟随李世民东征的时候，因为战功显赫，被封为平辽王。一登龙门，自然身价增长。在薛仁贵上任的当天，前来祝贺的文武大臣络绎不绝，但是最终都被薛仁贵婉言谢绝了。他唯一收下的礼物就是以前曾经接济过他的老朋友王茂生送来的两坛美酒，说是美酒，其实里面装的只是清水而已！

当薛仁贵得知酒坛中装的是水而非酒时，他家里的仆人很是恼怒，而唯独薛仁贵没有生气。他高兴地取来一个大碗，当着众人的面痛饮三大碗王茂生送来的清水。

在场的文武百官很是不解其意，只见薛仁贵喝完三大碗清水之后说："我在过去落难之时单靠王兄夫妇资助，如果没有他们，更没有我今天的荣华富贵。而如今我美酒不沾，厚礼不收，却偏偏只收下

淡然——人生何必太强求

王兄送来的两坛清水,是因为我知道王兄家道贫寒,即便是送给我清水也是王兄的一番美意,这叫做君子之交淡如水。"从此以后,薛仁贵与王茂生一家的关系更为紧密了。

薛仁贵与王茂生之间的友情正是因为平淡,才显得更为珍贵,也显得更为亲密。《庄子·外篇·山木》中曰:"且君子之交淡若水,小人之交甘若醴。君子淡以亲,小人甘以绝。"就是说,君子间的友情应该像水一样清澈无味,这样才能够给人一种清爽的感觉,两者间的友情才能够持续得更为久远;而小人间的友情就像甜酒一样黏黏糊糊,清淡可以使人更为亲近,而太过甘甜的话,会让人与人之间的关系疏远,会让朋友成为自己人生的一种负累,那么,两人的疏远也是自然不过的事情了。

这就是所谓的"君子之交",他们相互之间不会因为观点的不同或者意见的分歧而产生根本性的矛盾,相互之间交的不仅仅是朋友,而是心灵,不会被外物所累。因为彼此知心,所以无须更多的言语,与这样的朋友相交,将是你人生的享受,而非负累。

然而,当下的社会,朋友之间的交往掺杂了太多的功利色彩,大家相互间进行利益得失的计较,最终让朋友成为心灵的一种负累。要让朋友成为人生的一件乐事,就一定需要一种平和的心态去面对朋友,以一颗明智的心善待你的朋友,无需轰轰烈烈的豪言壮语,更不需要刻意地掩饰。即便是长久不见,也能常留在心中。见面时,相视一笑,没有很多的客套,甚至连问候的话语也都是多余的,彼此在一起只需静静地喝喝茶,就是最大的享受;相互之间没有猜忌,没有相互的吹捧,就像白开水一样透明,这样的友谊让人感到怡人心扉,才能持续得更为长久。

第8章 放弃计较，宽容待人

生活中的许多烦恼都是因为内心的过于计较产生的，为此，要远离烦恼、怒火，就要勇于放下计较，以宽容之心面对一切。懂得适时低头、弯腰，懂得人生难得一糊涂，学会忍让，遇事不钻牛角尖，不为他人过错而耿耿于怀，不将生活中琐碎放在心上，这样才能让心灵获得惬意和满足。

宽容是和谐人生的调味品

宽容是和谐人生的一剂调味品，也是一个人修养和善良的体现。生活中，在与他人交往的过程中，难免会与他人发生冲突，面对他人的过错，最聪明的选择是以宽容之心待之。其实，宽容他人也是在宽容自己，同样也是在解脱自己。倘若人与人之间没有了宽容，遇到小事相互之间就斤斤计较，我们的生活一定会充满仇恨与报复，人们也感受不到幸福的滋味。

一位幸福的妈妈，在她50周年金婚纪念日的当天，所有的朋友都纷纷过来向她表示祝贺，都向她询问幸福婚姻的秘诀。她说："从我自己结婚的那天起，我就准备要列出丈夫的10条缺点，为了我们的婚姻能够幸福，我就向自己承诺，每当他犯了这10条错误中的任何一条，我都会原谅他。"

这个时候，人群中几乎所有的人都在问："那你列出的这10条错误是什么呢？"

而这位老妈妈听了，笑了笑说道："我就老实告诉你们吧，这50年来，我始终没有将这10条缺点具体地列出来。每当丈夫做了错事，冒犯了我，当我气得直跺脚的时候，我就会马上提醒自己：算他运气好吧，他犯的错误原来是我可以原谅他的那10条错误中的一条！就这样，每次都这样告诉自己，那么，我们之间的关系自然就和谐多了，生活中就少了很多争吵！"

漫漫人生征途之中，人与人之间难免会出现矛盾和摩擦，如果我们都能够像老妈妈那样，学会去宽容和忍让，你就会发现，幸福和快乐将会时刻围绕着你。

当然了，我们要弄清楚，宽容并不等于纵容，它必须是建立在自信、助人和有益于社会的基础之上的。对于他人的过失，我们在包容的同时，如果能够以适应的方式给予一定的批评与帮助，便可以避免对方以后犯下更大的错误。

学会宽容，也就意味着生活中你不会患得患失。我们在学会宽容他人的同时，也要学会宽容自己。当自己有了过失，也不要灰心丧气，一蹶不振，更不必为此而感到痛苦难忍，只要能够从中吸取教训，更可以重新扬起工作和生活的风帆。唯有宽容地对待自己，才可以让自己心平气和地投入到工作和学习之中。

学会宽容，不仅能够保持人与人之间的关系的和谐，家庭的和睦，婚姻的美满，而且还有益于身心的健康。宽容中还包含有理解、同情和谅解。朋友间如果没有宽容，再亲密的关系也要破裂；夫妻间如果没有宽容，再坚固的爱情也有动摇的时候。生活需要宽容，欢乐之花离不开宽容的灌溉。

学会宽容，人的心胸就会变得开阔。当你被人误解，或者你误解了别人时，宽容会在时间的流逝中抚平一切伤痕，调和一切苦楚。宽容是大度，能够容忍世间的是是非非，恩恩怨怨。因此，在日常生活中，我们要时刻以宽容的心态去面对一切，才能收获内心的宁静和快乐。

包容是一种大智慧

在现实生活中，人与人之间难免会有碰撞，即便是心地最为善良的人，也难免会伤害到他人。如果过于计较的话，不仅会陷自己于烦恼之中，也将旁人置于痛苦之中。为此，我们在任何时候都应该以包容之心去体谅他人，理解他人。这样自然就能够避免很多的烦恼和痛苦，没有烦恼和痛苦的介入，我们的内心就会获得平静和快乐。可以说，包容是人生的一种大智慧。

包容不仅能让自己的心灵获得平静和快乐，同时，它也是一种最有力度的解决问题的方法。

淡然——人生何必太强求

寺院中有一位很有修行的老禅师，夏天的一天傍晚，他在寺院中散步。当他走到寺院的墙角边的时候，突然就看到墙角边有一张椅子，他一看就知道寺院中肯定有人违反寺规出去到山下的街上去溜达了。

见到此，老禅师并没有生气，只是悄悄地将椅子移开，然后就盘腿坐在了放椅子的那个地方。一会儿，果真有一个小和尚翻墙而入，在黑暗中他就踩着老禅师的肩膀跳进了院子之中。当他双脚着地的时候，才发现自己踩的根本不是椅子，而是自己的师父。见状，小和尚就惊慌失措，张口结舌，想着，这下完了，一定会被老禅师赶出寺院中了，看上去一脸的尴尬和难过。

但是，出人意料的是，老禅师不但没有责怪他，反而心平气和地对他说道："夜深天凉了，快去多穿一件衣服吧！"小和尚听了十分感动，从此之后，他再也不敢违反寺规了。

在上述故事中，如果在老禅师发现小和尚违反寺规以后，先是生气、愤怒，再对小和尚严加惩罚，将其赶出寺院，那么，两人的痛苦和恼烦自然少不了。而禅师则是以包容的心态去处理这件事情，双方确实减少了很多不必要的麻烦。由此可见，包容对于改善人际关系和身心健康都是十分有益的。

包容是一种力量，能够顺利地化解矛盾，滋润他人的心灵；包容是一种博大的情怀，它能够让人感受温暖；包容也是一种至高的境界，它能够消除人与人之间不可避免的烦恼和痛苦；包容能够"愈合"人与人之间不愉快的创伤。总之，包容能让人的心灵获得无与伦比的平静和快乐。

生活中，如果你能够包容周围人的一些过失，就能够防止事态的扩大化，能够有效地预防彼此间的矛盾，避免产生极为严重的后果。事实证明，不懂得包容的人，只会将自己置于痛苦与烦恼之中。过于苛求别人或者苛求自己，一定会使自己处于极为紧张的心理矛盾之中，不容易感受到快乐和幸福！

让婚姻散发幸福的味道

如果你准备结婚的时候，告诉你一句非常重要的法则，你一定要忍耐和包容对方的缺点，世界上没有绝对幸福圆满的婚姻，幸福只是来自于无限的容忍与互相的尊重。每个人都渴望在婚姻中汲取到幸福的养分。然而，现实婚姻中的男男女女，难免会为了小事闹矛盾、争吵，使幸福大打折扣。

其实，只需在婚姻中加入爱和包容，即可散发出幸福的味道。

有一天，一个人满脸憔悴，神色黯然地去见一位智者。原来，这个人刚刚结婚，但却从他脸上看不出任何新婚燕尔的喜庆。

他对智者抱怨道："我的婚姻为什么总是很不幸，我的前妻毛病很多，每天总爱唠叨，而且脾气暴躁，家里家外没有他管不到的。另外，她还特别爱花钱，不喜欢做家务。每次总是会趴在我的腿上撒娇说，老公咱们到外面去吃吧！偶尔在外面吃一顿，我还是可以忍受的，但是，她三天两头要出去，我们为此经常吵架。久而久之，我对她厌烦至极，于是向她提出了离婚，前妻毫不犹豫地答应了。

第一次婚姻的失败，我苦闷难当。一年过后，我想再婚，当时我想找一位能够省吃俭用，爱干净却又不乱花钱的女人进门。不久之后，我的意愿实现了，朋友便给我介绍了一个女孩，各方面的条件都符合要求。我非常喜欢她，认为这次婚姻一定能够得到幸福。于是，就满怀期望地将这位女孩娶进了家门。

但是，婚后不久，我就发现我新娶的这位夫人真是太爱干净了，每天都会将家中收拾得一尘不染，我每天回家进屋后必须要先被她拽进浴室洗澡，换上家居服才能够吃饭。平时，只要说有亲戚朋友到家里来，妻子就会马上命令我和她一起大扫除，搞得我筋疲力尽。我这时候才明白，女人如果太爱干净了，可真是要人命啊！

如果仅仅是爱干净也是能够忍受得了的，但是，妻子还爱翻我

第8章 放弃计较，宽容待人

177

淡然——人生何必太强求

的钱包,每天要检查我的财务支出,搞得我经常囊中羞涩。每天餐桌上摆放的永远是青菜土豆,偶尔还是我说,咱们出去吃顿好的吧!天天吃这些,真是太倒人胃口了。而妻子却振振有词地说:出去吃,又要多花钱,我看青菜土豆就行,既营养又健康,而且还省钱……

听了她的话,我真想一摔碗就立马走人。但是,刚刚结婚又不能离婚,哎,想想都痛苦,每天都将自己压得喘不过气来!"

智者听了,淡淡地对他说:"生活中,每个人都有缺点,两个生活习惯各不相同的人结合在一起,就像两只长满刺的刺猬一样,一不小心就会扎到对方。如果两个人生活在一起,能够相互包容的话,容忍彼此的缺点和不足。能够去发现对方的优点,才能获得最终的幸福。你的生活之所以太过压抑,只是因为仅仅看到了对方的缺点,甚至在你的心中把对方的缺点和不足扩大化了,大到蒙住了你的眼睛,才让你看不到她的优点。"

其实,婚姻也就像一杯原味咖啡,原味咖啡是苦涩的,极为难以下咽的,然而,到了加奶和糖的时候,马上就会变得极为香醇。幸福的婚姻也是如此,只要你在婚姻中加入爱和包容,就能够体会出幸福的味道。

和谐一生的秘诀

一位哲人说:"生气是在拿别人的错误来惩罚自己。"生活中,每个人都难免会犯这样或那样的错误,如果我们一味地沉浸于其中,在责备和哀叹中不能自拔,那么,人生将会变得痛苦不堪。

要知道,错误在所难免,若是一味地追究,只能恶性循环,人也将会被错误所奴役。为此,我们要学会宽恕,学会善待人生。

一位中年妇女因为她的丈夫在年轻的时候背叛了她,留下她一个人艰难地抚养儿女。如今丈夫又贫病交加地回家来了,她不能够接受丈夫,不让丈夫进家门,于是,凶狠的丈夫就对她拳脚相加。

她为此每天都唉声叹气的，很是生气。有一次她向一位禅师诉说了她的痛苦。她说："丈夫尽管很凶恶，但是无论如何，我就是不愿意与他离婚。"

而禅师则说："你一定要顺从传统的观念吗？"因为禅师自己很明白妇人最大的痛苦不是不愿意照顾丈夫，而是她咽不下这口气。

禅师微笑着对她说："像你这么大年纪的人，身体还算健康，这可真是件大好事。你一个人将自己的几个孩子抚养长大，而且栽培得很不错，这些都是好事情。你的一生真是值得了。就你的人生而言，没有什么比现在更好的了。所以，为何还记着丈夫的过错呢，你如果宽恕他了，也真没有什么遗憾了。"

妇人听完这话，默默将之记在了心中。她顿时明白，与过去艰苦的岁月相比，还有什么理由不知足呢！

于是她试着宽恕了丈夫的过错，身心无比快乐，生活过得无比幸福。她总是对自己说：没有比此刻更好的了。

有位哲人说，宽恕就如同是在荆棘中成长的鼓励。只有宽恕他人才能感知到彼此的真诚，才能不会让彼此的厌恶感湮没曾经拥有的美好，只有懂得了宽恕，才能使彼此的关系趋向于美好。宽恕他人就是对自己的一种善待，就是善待人生，这不仅是一种豁达的胸怀，更是一种人格魅力。懂得了宽恕，你的人生将会无比的惬意和快乐。懂得了宽恕，你也将会品尝到幸福的滋味。

别用脚去踢石头

生气就好比是你用自己的脚去踢石头，最终疼的只是自己。不要为了生活中的一些小事而生气，否则，只会伤及自己。

古希腊神话中，有这样一个故事：

有一位叫海格利斯的英雄，力大无穷，没有人能够比得过他。为

淡然——人生何必太强求

此，他总是踌躇满志，春风得意。

有一次，海格利斯在一条极为狭窄、坎坷不平的道路上行走，突然，一个趔趄，他差一点被什么东西所绊倒。他定睛一看，发现路的中间正好有一个像袋子似的东西，海格利斯马上生气了，狠狠地向那个东西踢了一脚，谁知，那个东西不但待在原地纹丝不动，而且还气鼓鼓地膨胀了起来。

这下，海格利斯更加生气了，于是就奋力地挥起拳头又朝它狠狠地一击，但是那个东西却依然如故，同时又迅速地胀大着。海格利斯暴跳如雷，快速地拾起一根木棒狠狠地向它砸个不停，但是，这个东西却越胀越大，最终就将整个山道都堵得严严实实。海格利斯又气急败坏，又无可奈何，累得躺在地上，气喘吁吁。不一会儿，山中就走来了一位圣人，见此情景，很是困惑。

海格利斯就对对方说："这个东西真是可恶至极，存心与我过不去。将我走的路堵得死死的。"

圣人听罢，看看他的脚下，淡淡一笑，平静地说："朋友，这个东西叫'仇恨袋'。当初，如果你不去理会它，或者干脆就绕开它，它就不会与你过不去了。就像当初，你的心中总是记着它，它就会不断地膨胀，就会挡住你的去路，专门与你做对！"

其实，生活中如果我们总是为小事生气，就相当于我们的肩上扛着"仇恨袋"，那么，我们的生活就会如负重登山，举步维艰，最终，只会堵死了你前进的步伐。

另外，经常生气的人，还会危及自身的健康。卡耐基就说："为小事而生气的人，生命是短促的。"《三国演义》中的周瑜因为气量狭小，而被活活地气死。《红楼梦》中的林妹妹，平日里因为爱为小事生气，身体一直欠佳，最终命赴黄泉。

为了自己的健康，我们也切莫再为小事生气了。然而，这说起来简单，做起来却不易。因为人在生气的时候，会由不得自己，心胸会变得狭隘，而且还会钻牛角尖，这是消气的主要障碍。这个时候，你可以立即离开生气或者惹你生气的事情，找个清静的地方去看看书或者做点其他的事情。当然也可以找个好的朋友倾诉,这都是消气的好方法。

最终,让我们再念一遍《不气歌》,对修养和健康会有所裨益:他人气我我不气,我本无气他来气。倘若生气中他计,气下病来无人替。气之为病太可惧,诚恐因气把命去。我今尝过气中味,不气不气真不气。

难得糊涂

清朝名士郑板桥说:"聪明难,糊涂亦难,由聪明转入糊涂更难。放一着,退一步,当下心安,非图后来福报也。"就是说,那些聪明和精明的人,不会去故意地装糊涂,而是将自己聪明的智慧收敛起来,而让自己糊涂起来,虽然做到这一点是极为困难的。

宁武子是春秋时期卫国一位有名望的大夫,他一生共辅佐了卫文公和卫成公两代的君王。

在卫文公的时候,国家的政治极为清明,社会异常安定。那个时候,宁武子表现出了超人的智慧与能力,几乎已经成为当时卫国"第一等的聪明之人"。

然后,到卫成公的时候,国家政治黑暗,社会混乱。宁武子作为当朝大夫,则表现得异常愚钝,好似自己什么都不知道。正因为这样,他才安全完整地度过了自己的余生。其实,他后来的糊涂都是装出来的,而不是真正糊涂了。

宁武子在乱世之中,能够及时地收敛起自己的聪明才智,是很少有人能够做到的,正是他的这种大智慧,才让他安全地度过了自己的一生。

现实生活中,我们每个人都很聪明,与人交往会工于心计,会斤斤计较,然而正是如此,才使我们的心灵沾上了过多的烦恼和痛苦。在很多时候,如果我们能够收敛起自己的锋芒,做到糊涂处世、宽容忍让,谦卑样子,是避开危险的一种有效的方法。

古人云："心底无私天地宽。"如果你心中的"天地"变宽了，就一定不会对一些烦琐的小事斤斤计较，过于认真，这样，也不会无端地生出许多痛苦来了。聪明是一种智慧，而糊涂也可是一种大智慧。

生活中，很多人总会过分去计较利益得失，是非恩怨，这会让我们生出许多烦恼。如果我们能够放弃计较，在是非原则问题上不计较，在某些问题上也大事化小，小事化了，在许多细小的问题上，不要去做无休止的纠缠，理智地去处世，学会去适应各种环境，应付各种矛盾，用"糊涂"去化险为夷，可能会让自己活得无比的轻松和快乐。

为此，要让我们的心灵少些痛苦和烦恼，就从现在开始学着去"糊涂"一点吧。

对他人"糊涂"一些，会让对方因为你很傻而更加信任你；对朋友"糊涂"一些，不去过多计较，会让你的友谊更为长久；对爱人"糊涂"一些，会让你们彼此的心灵留些空间和余地；对生活中的一切小事都"糊涂"一些，让自己多享一分快乐。

莫被流言绊住脚

人生在世，哪个人前不说人，谁人背后无人说。生活中，我们每个人都不可避免地会处于流言蜚语中，在这样的状态下，很多人都会伤心，会难过，难免会被坏情绪所左右。其实，如果你能够冷静下来想一想，根本不必去计较那些流言，它们也不过是"一阵风"而已，在它产生的一瞬间，便没有对错之分，如果你刻意去计较，去在乎，是在惩罚自己。

刘丽刚毕业就到一家大型的汽车销售公司，因为刚入公司没什么经验，不知道如何应付难缠的客户。见到此情境，一位叫李娜的女孩主动帮她，再挑剔的客户，都会主动帮刘丽搞定。当刘丽业绩不好的时候，李娜还会主动向她介绍自己的客户。半年多的相处中，刘丽与李娜建立了深厚的友谊，她们就成了无话不谈的闺蜜。

后来，刘丽就凭借自己业务上的成就，坐到了销售管理者的位置。但是，正在自己欣喜不已的时候，她却收到了来自好朋友李娜的意外之"礼"。

那一次，刘丽与李娜共同负责一个大客户，因为事前刘丽就对客户的购车意见进行了详细的了解，客户就单独约定要与刘丽细谈。当时，刘丽就感到李娜的尴尬，想去安慰她。但是她后来又想，她们之间的亲密关系，李娜应该是不会介意的。

但是，第二天上班后，刘丽却听到所有的同事都在小心地议论她。后来，她才得知是自己的好朋友李娜散布的谣言，说自己昨天与客户在酒店交谈彻夜不归。看到同事们都在用异样的眼光看自己，刘丽感到十分揪心。随后，这件事就成为其他同事茶余饭后的谈资……刘丽当时感到受到了屈辱，痛苦极了。但是她又相信：是非止于智者，清者自清，浊者自浊，时间会证明一切。随后一段时间，大家也都觉得李娜所说之事经不起推敲，也就没人再提起此事了。

刘丽在无意之中被卷入了"是非"之中，但是她不予理会，最终谣言也不辩而散了。所以，在生活中，我们也要像刘丽那样，相信"是非止于智者，清者自清，浊者自浊"的道理，将谣言搁置一边不予理睬，这样才能真正地终止流言，让自己获得内心的平静和快乐。

要知道，很多流言，多数是在人们不平衡的心理作用之下产生的，对于这样的流言，我们应该一笑了之。因为别人忌妒你，说明你比对方优秀，一个优秀的人是没有必要与一个不如自己的人计较的。

再者，对方在背后传你的流言，无非是让人心理难受的，如果你真的为此而计较难过，那不刚好上了对方的圈套吗？

所以，对于生活中的一些流言，我们完全可以置之不理。但是，对于一些子虚乌有，且已经对自身的名誉造成了重大损害的流言，我们则可以考虑以法律的形式加以追究，即便是借助法律武器，也没必要有太大的心理压力，因为一切都是人之常情而已。

总之，路是你自己的，人生也是你自己的，不必太在乎别人对自己的看法。任何人的看法与建议都不能从实质上改变什么。真正懂得对自己好的人，是能正视流言、有所取舍的人，这样的人才能更为真实、快乐和惬意地活着。

莫与他人争输赢

生活中，很多事情本身就是没有答案的，我们在与人交往的时候，千万不要太过计较，不要与他人争输赢，这样不仅会置自己于痛苦之中，而且还会伤及朋友之间的和气，是得不偿失的事情。与朋友在一起交往，很多事情，最好能糊涂了之。对于一些原则性的问题，最好能将心放宽一些，该马虎时且马虎，否则，只会置自己于孤立的位置之中。

王翔是某著名大学中文系的才子，不仅能诗善文，而且也很有口才。这样的人，周围应该有很多朋友才是，但是事实却相反，主要是因为他是个爱较真儿的人。

有一次，王翔与几位朋友一同去参加一位朋友的婚礼，在如此喜庆的场合，王翔却因为太过较真，把场面搞得很是尴尬。

席间司仪说："在座的朋友都知道，新郎、新娘是名副其实的'青梅竹马'，在这里我给大家解释一下这个成语的来历：相传宋代的时候有个著名的女词人李清照，她与她的丈夫赵明诚自小相爱……"司仪的解释显然是错误的，但是在场的人出于礼貌，谁也没去说破。但是王翔却忍不住了，就大声在台下说道："你说错了，这个成语是李白写的……"顿时，那个司仪脸上红一阵白一阵，但是对方又是个嘴硬的人，接着说："这位先生，您说是李白写的，有什么证据吗？"

王翔得意地说："当然有了，这个成语出自李白的《长干行》……"这样一来，让那个司仪面子尽失，场面顿时也冷清了许多。这时候新郎很不高兴地将他叫到一边说："人家是来帮忙的，你跟人家较什么劲呀！这是结婚啊！又不是学术辩论会。平时大家都不愿意与你交往，就是这个原因……"

在婚庆场合，对于司仪犯的错误，根本无须去计较，但是，王翔却因为太过较真儿，非要与对方争个明白，不仅将场面搞得极为尴尬，而且还成为众矢之的。

《菜根谭》的原文有几句话："涉世浅，点染亦浅，历事深，机械亦深，故君子与其练达，不若朴鲁，与其曲谨，不若疏狂。"而这里的"涉世浅"，主要指那些刚刚毕业的年轻人，入世很浅，污染也不深；"历事深"主要是人生经历的事情太多，机械亦深。当然了，这里所说的机械主要是指那些经常计较的妄想，这样的人烦恼和痛苦自然会很多。所以，他下面所说："故君子与其练达，不若朴鲁，与其曲谨，不若疏狂"，就是我们通常所说，做人过于通达的话，反而不如在有些地方糊涂马虎一些的好。其实，这主要是告诉世人，凡事不能太过计较算计，太过算计计较的人，会太过固执，做事太过死板，很容易走进人生的"黑洞"中不能自拔。为此，对很多事情，我们一定要放弃计较，该糊涂时且糊涂，一笑置之就好。

且说，因为一件小事与朋友发生争执的话，你就让对方赢，他又能赢到什么？所谓的输，你又能输掉什么？这个所谓的输和赢，只是文字上面的不同罢了，我们大部分的生命都浪费在语言的纠葛之中。其实，为了一件小事与他人较真儿、争执，在很多时候，并没有留下任何的输赢，而会让你们失去本该好好珍惜的感情！

糊涂处世，并不是让人凡事不认真，而是说，做人做事不要钻牛角尖，不要太过死板，要懂得灵活变通，该马虎的时候要马虎一点，这样才能让自己的人生更为轻松和快乐！

微笑是最好的武器

有人问寺庙中的弥勒佛为何肚子很大，而且还总是笑口常开。智者回答："大肚能容，容天下难容之事；笑口常开，笑天下可笑之人。"微笑是世界上最美妙的表情，一个经常微笑的人，必定拥有像弥勒佛那样宽广的心胸。为此，微笑能化解仇恨、矛盾，化解人间所有的不愉快。同时，它还能让羞辱者无地自容。同时，它像旭日东升的朝阳一般，能驱走责难者的阴霾，照亮诽谤者心中的黑暗。

亚伯拉罕·林肯是美国第16届总统，也是美国历史上最受人敬仰的一个总统之一。当时的美国社会很是注重一个人的出身门弟，政府内部的大部分议员都出身贵族，都属于上流社会的人。这样的人有一种天生的优越感，总是瞧不起那些出身卑微的人。

就在林肯竞选总统前夕，有一次，他在参议院发表演讲时，遭到一个议员的羞辱。这位参议员盛气凌人地说道："林肯先生，在你演讲之前，我希望你记住，你仅仅只是一个鞋匠的儿子。"这话刚说完，全场响起了一阵哄笑声。很明显，那位议员的目的就是要打击林肯的自尊心，让他自动退出竞选。

面对嘲笑，林肯则异常地冷静，面带微笑对着那位议员说："我十分感谢你使我想起了自己的父亲，我一定会永远记住你的忠告：我永远是鞋匠的儿子。我知道自己做总统永远无法像我父亲做鞋匠做得那么好。"

林肯接着面带微笑地对那个参议员说道："据我所知，我父亲从前也为你家做过鞋子，如果不合脚，我可以帮你改进，我从小跟我父亲学过做鞋的技术。"

然后，他转身面带微笑地对所有的参议员大声说："任何人都一样，如果你们穿的鞋是我父亲做的，如果你们需要修理或改进，我一定尽力帮忙。但是有一件事是肯定的，我无法像我父亲那么伟大，他做鞋子的手艺是无人能及的。"

这时，所有的嘲笑声全部化为赞叹的掌声，而那名议员的脸却是一阵红一阵白，很是难堪。

林肯用微笑化解了他人的刁难，而这微笑之后，是一颗宽容和善良的心，正因为此，也赢得了众人的赞赏。在面对别人的羞辱、非议或诽谤的时候，心胸宽广的人不但可以稳如泰山，而且还可以理智地化解危难。俗话说："将军额上能跑马，宰相肚里能撑船"，看一个人能够做出多大的事业，就要看他的胸襟有多么辽阔。如果向大海中扔一个石头，大海依然波澜不惊；如果向一条小河扔一个石头，那么，它就会溅起许多水花。只有拥有宽阔心胸的人，才能容纳更多，才能做出一番大事业。

带着微笑，宽容地面对非议，是一种修养，一种气度，一种高贵的品德，更是一种"四两拨千斤"的智慧。心胸豁达，志存高远的人，是不会为一时的得失或一时的名声去与他人明争暗斗的，在面对小人的羞辱时，只会觉得对方是可笑的，就像一个大人看一个小孩子玩游戏一样。因为他豁达的心量和底蕴，足以将打击者扔过来的小石头淹没了。

人生不必太较真儿

世上的很多是是非非本身是没有答案的，所以，我们不必凡事都要去争个明白。否则，只会让自己的内心受累，甚至会为此付出巨大的代价。

卡塔尼山是意大利一座著名山峰，在这座山的脚下有一块墓碑，上面刻着这样一个意味深长的故事：

古时候有一个叫做麻亚的人，他从雅典到叙拉古去游学，在经过卡塔尼山时，无意中看到了一只大老虎。进城以后，他就大肆地在城中宣传：卡塔尼山上有一只老虎。但是，对于这个消息，没有一个人相信。但是，麻亚仍旧坚持自己的看法，说自己确实看到了老虎，而且还是一只非常雄壮的老虎。无论他将自己见到老虎的过程描述得如何生动，就是没人相信他。最终，麻亚为了证明自己是对的，就对城中的人说，不信的话，我可以带你们去看看。

果然，有几个胆大的年轻人就跟着麻亚上了山。但是，麻亚带着这几个人将整个山都转遍了，却连老虎的毛都没见到一根。麻亚的心异常痛苦，觉得自己很没面子，仍旧坚持自己的看法。

城中的人不仅不相信他，而且还说他是个疯子。这时候，麻亚的内心还是异常地难受，为了证实自己的正确性，就亲自带了一支猎枪只身上了卡塔尼山。他非要找到那只老虎，还扬言说要打死老虎，让全城的人都看一下。

然而，自麻亚上了山以后，就再也没有回城。几天以后，人们在山中发现了一堆破碎的衣服，原来麻亚在山上寻虎的过程中，不小心被一只大熊给吃掉了。

只为了一个小小的是非，把自己的性命给丢了，麻亚无疑是愚蠢的。然而，现实生活中，像麻亚这样的人又有多少呢？

人生中的很多事情本身就是是是非非，真真假假的，如果你非要证明自己的正确性，可能会付出很大的代价。为此，生活中的一些小事，切不可过于较真，那样只会伤及你自己。

在平时的生活中，我们与周围的人或朋友相处的过程中，总会遇到双方意见不统一的情况。这时候，我们很容易就会因为坚持自己的观点而与对方发生争论。毫无疑问，争论对于认清事物的真相是至关重要的，但是凡事必要争个明白的做法是不可取的。可以试想一下：当你被别人误解，如果你急于去证明自己而反复向对方做出解释，或很有可能会被别人认为是恼羞成怒，结果有可能是越描越黑，不仅没有解决问题，还浪费了时间、精力，同时还影响了你与对方的和谐的人际关系，无疑是得不偿失的。对于此，最好的解决方法就是，将心胸放宽一些，难得糊涂一回。尤其是对于一些根本无伤大雅的小问题，我们更没有必要非得去与别人较劲，否则就算你能赢得口头上的胜利，却给自己徒增了几分烦恼和忧虑。

理解是相互的

生活中，很多人经常会有诸如此类的抱怨：上班如此辛苦，回到家还要做家务，抱怨老公不理解自己；工作很难做，受到上司训斥，会抱怨上司不理解自己……每个人都渴望被他人所理解，但是，丝毫不愿意主动去理解他人。

俗话说，若要人敬己，先要己敬人！理解也是如此，想要被别人理解，首先要去理解他人。人际交往是平等的、双向的，就像有付出就有收获一样。在很多时候，只要让他人感觉到你理解了自己，那么，你就可以被他人所理解。

有一天，刘涛和杰瑞一同到外地出差，在途中，他们下车吃了午饭以后，刘涛说要去买水。

五分钟之后，刘涛空手而归，而且还带着一股怨气。

"怎么啦？"杰瑞问道。

"对面报刊厅那个小商贩真是太可恶了，我递给了她100元，她看了看说，现在生意太忙，无法兑换零钱给我。她是把我当成以买水为由来兑换零钱的人了。"

刘涛抱怨道："这里的小商贩真是太过分，太不近人情了，素质太差，并且还劝解杰瑞少跟他们打交道。但是杰瑞却并不这样认为，他让刘涛在这边等一会儿，他拿着100元，保准一会儿就能把水拿过来。

杰瑞十分温和地对报刊亭的主人说道："女士，您好，能否帮我一个小忙，我刚刚来这里出差，路过这里，想买一瓶水，但是我手头最小的面额也就这一张100元了。在您最为忙碌的时候打扰您，真是不好意思！"

那位卖水的老太太看了杰瑞一眼，就递给他一瓶水说："送你一瓶吧，方便的时候可以再把零钱送过来。"

刘涛看着杰瑞拿着一瓶水回来，惑疑不解地问道："你是怎么做到的？"

杰瑞笑着回答道："如果你要让他人理解你，那么，你就先试着去理解别人。如果总让他人先理解你，那么，你就会觉得别人不可理解。如果用理解来表达需要，那么，自己的需要就容易得到满足了。"

杰瑞之所以会成功，就是因为他先去理解了别人，同时又表达了自己的需求。这样的人，哪个人会拒绝他呢？

生活中，与他人发生矛盾，主要是我们缺乏耐性，不能静下心来去理解他人。如果我们能够去理解他人，那么就可以收到意外的收获。

为此，在与人交往的过程中，我们还是对他人多一些耐性吧，这样，就能很好地理解他人了。当然，理解他人也需要一些技巧，比如一个会心的微笑，一次主动的握手，一个真诚的礼让，一个小小的包容，足以消除你们之间的误会和矛盾。总之，学会去理解别人是赢得和谐人际关系的重要法宝，也是获得内心平静的一个有效方法。

嘲笑别人，就是在嘲笑自己

生活中，一些人看到他人的"缺点"或"不足"，就会过去嘲笑对方。殊不知，金无赤足，人无完人，你可能也有这样或那样的"缺点"和"不足"，只是你自己看不到而已。你在嘲笑别人的同时，也可能是在嘲笑你自己。为此，无论在什么时候，都不要轻易地拿别人的"缺点"开玩笑。

几位知识渊博的教授每天都一起乘坐小船到对岸的学校去上课，为他们开船的是一位老渔夫。

有一天，一位天文学教授兴致勃勃地指着天空，并问船家道："船家，你了解多少天文学知识呢？"

船家很是羞愧地回答道："教授，我书读得不多，所以，对天文学知识是一无所知。"这位天文学教授得意地说道："你不懂天文学，那你已经失去了25%的生命了。"

过了不久，另一位生物学教授又问道："船家，你对生物学了解多少呢？"船家就羞愧地回答道："对不起，教授，我也不懂什么是生物学。"

这位生物学教授惊奇地说道："你连生物学也不懂，那你可是失去了50%的生命了。"一会儿，这位生物学教授就指着水中的水草说道："你长年在湖上奔波，应该懂一些植物学吧？"

船家听罢，羞愧得直摇头说："我……我真的不知道。"教授就忍不住大笑起来，说道："可以说，连植物学都不知道，你已经失去75%的生命了。"

也就在这个时候，突然天气大变，狂风怒起，暴雨骤起。小船在风浪中撞到了一块大大的巨石，这个时候，船底就破了一个大洞，河水马上就涌了进来，眼看小船就要沉底了。

船家连忙准备跳水逃生，于是他便关心地问几位教授："你们到底会不会游泳？"教授已经吓得面无人色地回答："我们哪里会游泳啊！"

船家很同情地说："你们懂得那么多知识，在紧急时候，却连自己的性命都救不了，这下你们就要失去100%的生命了。"

我们在嘲笑别人的同时，其实也是在嘲笑自己。世界上的任何人都并非十全十美，两位教授的错误在于拿自己的优势跟别人的劣势进行比较，船家自然也比不过他们。但是自从周围的环境改变以后，别人的劣势可能也变成了自己的优势，两位教授连自己的生命都保护不了，那自己所拥有的那些优势又有何意义呢？

为此，在生活中，我们千万不要轻易去嘲笑他人的"短处"，即便你真的比他强，即便他身上真的有缺点，也莫要去嘲笑，这样一方面会得罪他人，同时还会让自己陷入痛苦和烦恼之中。可以试想，如果他人经常去指责你，并对你指手画脚，你会怎么样呢？所以，在任

淡然——人生何必太强求

何时候，我们一定要顾及别人的感受，不要随便去嘲笑对方，否则，会让你失去快乐！

凡事不求完美，但求自在

生活中，很多人总认为自己很聪明，于是处处锱铢必较，斤斤计较。想做成一件事情，如果采用正面的手段达不到目的，就会采用阴暗的手段，以达到损人利己的目的。结果却事与愿违丢人现眼。其实，人有些小聪明是正常的，它可以帮助人在处理问题的过程中走捷径，提高效率。但是一定要用在正途方面，如果单单用小聪明、小精明去蒙骗他人的话，那就会置自己于烦恼和痛苦之中。

为预防被聪明误，做人不防低调一些。凡事不求精明，但求自在，这是人生的一种大境界、大智慧。真正聪明的人不会时刻想着出风头，而是懂得学会适时地隐藏，自在处世，这样的人有大原则，胸中有大志向，能够低调做人，洒脱大度，相对来说，这样的人更能够成就一番大事业。

三国的刘备是个有大胸怀大计谋的人，先前在他投靠曹操之后，以防备被曹操陷害，就在后院中种菜。在很多时候，他亲自浇灌，以为韬晦之计。看到大哥这样，关羽、张飞很是生气，就问："兄长，你现在不去关心国家大事，却在这里务农，真让人无法理解！"刘备说："我这样做自有我的用意，二位兄弟且勿焦躁！"

而曹操为了试探刘备是否有野心，就让刘备赴宴。刘备不知曹操的用意，心中很是忐忑不安。当两个人饮酒在半醉半醒状态之时，外面忽然阴云密布，骤雨将至。曹操就问刘备："玄德你久历四方，一定是非常了解当世的英雄的，现在你可以说给我听听。"刘备就历数了袁术、袁绍、刘表、孙坚、刘璋、张鲁、张绣等人。曹操就鼓掌大笑说："这些碌碌无为之辈，根本不值得提！"刘备说："除了这些人,实在不知道了。"曹操马上笑着说道:"凡是英雄,必然是胸怀大志,腹中怀有良策,有包藏宇宙,气吞天地的人。"刘备问:"当今天下,那谁能称得上是英雄呢?"酒酣之时,曹操失态地说:"当今天下的英雄,只有你和我了。"

听罢此话,刘备心中一惊,手中的筷子马上就掉在了地上。这个时候,恰巧空中雷声震耳,刘备吓得赶紧去捡筷子,并说道:"一震之威,真是把我吓坏了!"曹操笑着说道:"大丈夫也害怕雷震吗?"刘备说:"圣人说过,'迅雷风烈必变',我怎么不怕呢?"如此这样,将自己的失态轻轻掩饰而过,曹操想连雷声都怕的人,能成什么气候呢?

然而,谁也不知,刘备其实采用的是大智若愚的策略,懂得适时地隐藏自己的才能,保全了自己的性命,这为他以后成就大业,奠定了坚实的基础。

在很多时候,要小聪明只是一时之勇,大智慧才是长久之计。一事当前,只有避过风头才能够考虑事情接下来的发展。正如一句老话所说:"木秀于林,风必摧之",如果太过出众而又不懂得审时度势,虚怀若谷才能够更好地适应环境,这是一种睿智、豁达的胸襟气度,也是懂得随机应变、见机行事的机智。

也正如苏东坡所说:"大勇若怯,大智若愚。"真正大智大勇之人,都是低调的,含蓄的。为此,生活中,做人千万不要太精明,要学会低调,这样才能让自己获得更多的快乐与自由。

别让自己做怨妇

生活中,很多人装了满肚子的苦水,不断地向他人吐露:生活压力太大,儿子不听话,老公不理解自己,被领导批评,物价上涨……总之,只要稍不顺心,就会抱怨不止。殊不知,抱怨就如肚中的苦水,会越吐越多。你每重复一次,内心就会痛苦一次,久而久之,这些负面情绪就

淡然——人生何必太强求

会渐渐地湮灭我们内心仅剩的一点点快乐与活力，最终你的内心会变得抑郁起来，随之，痛苦和烦闷也会成为你生活中的一种习惯了。

丽丽毕业于名牌大学，工作也很好，但只有一个缺点，那就是爱抱怨。她总是牢骚满腹，不是抱怨这个，就是抱怨那个，仿佛全世界的人都对不起她一样。在工作中，她不是抱怨那个太笨，就是抱怨这个太工于心计。在朋友圈中，她会当着一个朋友说另一个朋友的不好，好像这个世界上所有的事情都是令她讨厌的。

有一次，丽丽又和一位同事抱怨上了："你不知道，我们公司的其他部门的人太有心计了，老板太小气了，用人特别狠，总想用最少的钱让我们干最多的活，每天把我给累的不行，真的想辞职不干。还有我们公司的副总，一天到晚自己不干活，还不停地训斥别人，真是无法忍受了……"总之，她将公司所有的人都指责了一番。

一开始，面对丽丽的抱怨，朋友和同事都会好言相劝，让她摆正心态，但是慢慢地，他们见到她后，都会躲之不及。公司的同事和朋友给她起了一个外号叫"怨妇"，没有了朋友，丽丽整个人也变得抑郁起来，她感受不到任何的快乐！

生活中，每个人都不想成为他人情绪的"垃圾桶"，你无穷尽的抱怨，会给人带来极大的负面影响，就好像将他人置于阴雨连绵之中，见不到一丝阳光。生活中，没有人喜欢生活在那样的环境中，为此，人们见到那些爱抱怨的人，一定会退避三舍，敬而远之，而爱吐苦水的那个人，也自然变得阴郁起来了。

要知道，你如果想抱怨，生活中一切都会成为你抱怨的对象；而你若能够摆正心态，生活中的一切都会成为你快乐的源泉。为此，无论处于什么样的环境中，我们不应该去不停地抱怨，向他人吐苦水，而要靠自己的努力去改变现状，这样才能够祛除你内心的不满，而这也是改变你目前一切不如意的最好的办法。

任何人的人生路上，有阳光，也难免有阴霾；有平坦，也难免有坎坷；有畅通，也难免荆棘。所以，在任何时候，都不要为自己所遭遇的一切而失意，只要你能够豁达乐观一些，放弃毫无意义的抱怨，心如止水，才能保持清醒的头脑去改变现状，才不会不停地向他人吐苦水，才能够从容淡然地走好自己的人生之路。

要记住，当你无休止地抱怨现状不好的时候，现状绝不会为此而自行改变，只会在你前进的路上设下种种障碍，使你永远不可能达到成功。唯有切实地行动起来才能改变现状，这也是你迈向成功的必经之路！

批评不能解决根本问题

在生活中，很多人看到他人稍有差错，就会去批评：你怎么这么笨啊，麻烦你动动脑筋好吧；你这样做是错误的，告诉你多少遍了，怎么还去犯这种低级错误呢！怎么回事啊，是不是不想干了……这些批评就像带着利刃的刀一样，刺痛他人的心。

要知道，这个世界上没有一个人喜欢被批评，批评在很多时候根本不能解决问题，而是只能起到相反的作用。所以，我们一定要用积极的眼光去看待他人，少一些批评，多一些赞赏，这样才能在和谐的人际中达到心灵的安宁。

安瑞的家位于马路边，这大大方便了她的生活，但是也给她带来了诸多的困扰。因为在马路边，前面不远处有个红绿灯，经过的车辆为了能够在红灯到来之前从路口驶过去，都会加快速度，安瑞家的狗就是为此而丧命的。

安瑞经常在她家门下的花园中割除杂草。这时，她会对驾驶人大声地喊"能不能开慢一点儿"！有时候则不只大喊，还会挥舞手臂，想叫他们不要开快车。但是令她恼火的是，她发现这个办法一点用也没有。经过的车辆还是在她家门前疾驶而过，车上的人还会在飞车行经时别过头去不看她。特别是经常路过的一辆红色的车,最可恶,无论安瑞怎么高声尖叫、用力挥手,那车上的女郎还是危险地飞速疾驶。

有一天,安瑞又在花园中割草,她又注意到那辆红色的跑车逐渐驶近,速度飞快依旧。安瑞什么也没做,因为她觉得不管用什么办法叫她减速,都是白费力气,她看着车中的女人看着她,就对对方微微一笑。就在这时,那个红色车的刹车灯亮了一下,车速也放慢了。

安瑞觉得很是惊讶,她第一次看到这部跑车不是以要命的速度呼啸而过。她还注意到那车上的那个女郎在对着她微笑。

从此以后,那个女郎每经过那里看到安瑞,总是会放慢车速,对她微笑、招手。在好奇心驱使下,安瑞有一次关掉除草机,走到前院去问对方:"为什么对我微笑,还对我招手?"

那个女郎说道:"很简单,不是你先对我微笑的吗?你把我当成好朋友,我也要对你微笑呀!"

这令安瑞大吃一惊,没想到,先前所有的大声批评,却没有一个微笑来得实在!

世界上,没有一个人能够安然地接受别人的批评,所以,批评在很多时候,根本起不到什么作用,而且还会让人产生逆反心理。海尔集团张瑞敏说:"人们对于欣赏的回应,远远比批评更为热烈。"欣赏能够激励人们表现得为优越,以获得更多的赏识;而批评则使人耗损,当我们贬低别人时,其实也是在默许此人往后依然会按错误的方式行事!比如,如果我们说一个人工作态度不端正,这就等于让他接受了自己工作态度不端正的事实,这也给了他工作态度不端正的权利。那么,他可能在工作中,也不会再端正自己的态度了。而相反,如果你赞赏他勤快,可能会起到相反的效果。

所以,要让事物向正面积极的方向发展,就一定要多赞扬少批评,这样不仅能让自己少些愤怒,而且还能让自己成为受欢迎的人,使你的人际关系处于和谐的状态之中。

第9章 远离痛苦，心无旁骛即是净土

人之所以会痛苦，在于内心的欲望太多。我们之所以不能心平气和地面对生活，无法体验到富足的生活带给自己的快乐和幸福，是因为没能及时驱赶走内心无休止的欲望，没有制止内心对外在物质的追求。如果你想要活得快乐、幸福和满足，要想过得心安理得，就要及时地驱除内心燃烧的欲火，这是获得快乐和幸福人生的根本。

坐在阳光下，给心灵洗个澡

有一位外企职员，在自己的日记中曾经这样写道："我们总是处于人群之中，在喧闹的人群之中看不到自己的影子，听不到自己的脚步声。我们总是被周围的朋友、家人所围绕着，耳边充斥着让人厌烦的噪声、喧哗，承受着极为忙碌的工作，以及家庭琐事的无穷的折磨，我们的每一根神经就像上了发条一样被绷得紧紧的，得不到一丝喘息的机会。"生活中，如这位职员的上班族有很多，他们忙于工作，而无暇去关注自己的内心，听一下内心的声音，总是因为莫名的躁声而烦躁、痛苦不已。如果你处于这样的状态之中，那么，你就要找个时间好好地让自己的内心平静一下了，回归宁静，仔细体味生命的真滋味。

乔治是一家大型广告公司的业务经理。在一次偶然的邂逅中，他学会了一种"坐在阳光下"的生活艺术，这是他第一次在繁忙的生活和工作中找到了宁静的感觉。看看他的这一段宝贵的经验吧：

在一个三月的早上，我正匆匆忙忙地走到纽约一家旅馆的路上，左手提着笔记本电脑，右手抱着厚厚的一叠急需处理的文件。其实，我是来纽约度假的，但是我仍旧无法逃离我的工作。

我快步走入我的临时办公室中，准备花几个小时来处理我的这些文件，我的好搭档坐在摇椅上面，用帽子盖住他的眼睛，将我叫住，用缓慢而愉悦的腔调对我说："你要干什么去啊，乔治，这么美好的阳光之下，你那样赶来赶去是不行的。过来坐在这里，好好地在摇椅上面享受一番了，这可是我最近发明的一项减压术。"

这话听得我一头雾水，就问道："与你一起练习这一项最为伟大的艺术吗？"

"对的，"他答道，"这一项已经被当代人所淘汰的伟大的艺术。现在已经很少有人知道怎么去享受这项艺术了。"

"噢，"我问道："那你赶快告诉我是什么，我没有看到你在练习什么艺术啊！"

"有噢！我现在正在练习啊！这项艺术就是'只是静坐在阳光下的艺术'。静坐在这里，让阳光洒在你的脸上，感觉很温暖，阳光的味道闻起来也很舒服。你会觉得你的内心无比的惬意和平静，一会儿，阳光照在心里，心灵像被洗了澡一样舒畅！"他兴奋地说道。

"太阳从来不会匆匆忙忙，不会太过兴奋，只是缓慢地恪尽职守，也不会发出什么嘈杂的声音，不会按动任何按钮，不接任何电话，不摇任何铃，只是一直洒在阳光之下，而太阳就在一刹那间，做的工作比你一辈子做的事情还要多得多。想想看，它做了什么，它能使花儿开放，能使树木长大，能使大地变暖，使果蔬旺，使五谷熟；它还蒸发了水，然后再让它回到地球上来，最重要的是，它能够让内心回归'平静'，这是阳光给我们的最大的赏赐！"

"果真如此吗？"我睁大了眼睛看着他。

"好吧，从现在开始，你赶快把你要处理的那些文件扔到角落中去，"他说道，"跟我一起到这里来好好享受一番吧！"

于是，我就照做了，内心平静至极。当我再次回到房间处理那些文件的时候，我几乎一下子就完成了全部的工作，这使我有大部分的时间来好好地度假，可以完全享受"坐在阳光下"来彻底地放松自己。

坐在阳光下，给心灵洗个澡，可以让我们真正地感受到生命的意义。无可否认，保持内心的平静是缓解压力的一个最为重要的方法。为此，当我们工作了一段时间之后，不妨也学习一下这种"坐在阳光下"的放松艺术，为自己的心灵腾出一个极为安静的空间，让自己体验一下轻松闲适的生活。

当我们工作太过疲惫，当我们面对生活的重压之时，我们完全可以观察一下我们所喜欢的植物和动物，思考一下自己最为感兴趣的事情，或者是仅仅站在窗口，忘记所有的工作，放下所有的压力和束缚，看看蓝天白云，闻闻花香，望望窗外的绿草地，让思维从工作中跳出来，完全可以让你感受到生命的活力和激情。

痛苦源于内心的贪念

世间本来是没有任何痛苦的,人的痛苦皆源于内心的贪念。可以试想,如果我们一直保持一种简约的生活,内心一直处于安详平静的状态,痛苦也就无安身之地了。为此,在生活中,我们要获得快乐,远离痛苦,就要远离贪念。

一位刚刚出家的佛家弟子,很想成为有名的法师,于是每天都很刻苦地念经,而且还终日打坐,他想,照此速度修炼下去,自己一定很快会成为著名的法师。

他的师父看他如此刻苦,就问道:"你为何如此刻苦地念经、打坐呢?"

小和尚就说:"我一定要刻苦一些,这样才能更早让自己成为有名的禅师啊。"

师父听罢,微微一笑,说道:"你如此刻苦的目的就是为了成为有名的禅师吗?"

小和尚使劲地点点头,答道:"是的。您不是经常教导我们说,打坐可以守住最容易迷失的心,可以以清净之心来看待周围的一切事物,终将可以成为有名的禅师吗?"

师父就说道:"你完全错了,你心中带着欲望去打坐,如何才能够以清净之心去看待周围的一切事物呢?你这样打坐完全是在折腾自己的身体啊,就这样,修一万年也不可能成为有名的禅师。"

小和尚听了很是糊涂,迷惑地望着师父。

师父这样说道:"要成为禅师并不是让你整日像木头一样地坐着,而是心情要达到一种极度的宁静状态。你带着目的去参禅打坐,内心只会散乱,如果达不到目的,也会置自己于痛苦之中。我们的心灵本来就是清净安宁的,你受到了外界的这些物相的迷惑与困扰,便会如同明镜上面蒙上了灰尘一样,最终不仅不能成为禅僧,而且还会在不知不觉中愚昧地迷失了自我。"

心中的贪念多了,就会成为羁绊我们前进的步伐。凡事带着功利的目的去做事,内心必然会痛苦,会劳累。就像故事中的小和尚一样,内心沾染了太多的欲望,不仅不能达到目的,而且还能置自己于痛苦之中。为此,在生活中,我们要摆脱痛苦,就一定要摒弃一切的贪念,以一颗平静之心去对待周围的一切事物,这样就能够达到完美和清净的境界。

人生百年来去赤条条

现代社会,有些女士要穿名牌服装,要用 LV 包包,要用 LVMH 香水,也有些男士要穿鳄鱼皮鞋,要开奔驰宝马,要戴劳力士的手表,孩子要上贵族学校,要用最新款的手机……然而,正是这些具有"品位"的东西,将人们从幸福和快乐的生活中剥离出来,将自己变成一个超豪华的奴隶。每天都过这样的生活,哪有什么幸福和快乐而言,当人们开始沉溺于这种物质生活的品质的时候,忽略了内心的感受的时候,就真正与幸福远离了。

的确,我们生活中所苦苦追寻的东西,到最终又有哪一样是属于自己的呢?只有心灵的轻松与快乐才是生命永恒的真谛,才能让生命焕发多彩的光芒。可以说,心灵是称量生命的天平。

现代社会,我们太容易被内心的欲望牵着鼻子走,得到了一些,还想得到更多,任欲望在内心肆无忌惮地疯长,这让我们心灵负载了太多的负担,好像永远没有停下来的时候。"累!累!累!"成了我们呼之欲出的口头语。我们在欲望中痛苦地挣扎,不知如何解脱。

一位哲学老师给学生们上了难忘的一课。在课堂上,老师拿起一杯水,问学生:"这杯水有多重呢?"多数学生回答,不过有 100 克左右而已。

淡然——人生何必太强求

"当然,它仅仅只有100克,那么,如果让你们端起这杯水,能端多久呢?"听到老师这么问,学生们都笑了说:"仅仅100克水而已,能端着它坚持很长时间没问题!"

老师接着说:"端着它坚持半个小时,我想大家肯定没有什么问题。如果拿一个小时,大家可能都会觉得手酸;如果让你坚持一天,甚至坚持一个星期呢?那可能得叫救护车了。"大家都笑了,但是,是赞许的笑。

老师又讲道:"其实这杯水的重量是很轻的,但是当你拿得久了,就会觉得沉重无比。这就如我们内心不断积累的一个个小小的欲望一样,无论它有多小,只要时间一久,终将成为心灵的沉重的负担。"

如果我们能够及时地放下这杯水,休息一会儿之后再拿起来,那么,你一定能够持续得更久一些。为此,生活中,我们一定要学会适时地放下心中的欲望,让自己的心灵有一个好好休息的时间,这样才能让生命持续得更长久一些。

心灵的负累都是由一个个小小的欲望积累而成的,我们要让心灵获得轻松和快乐,就要学会适当地放弃,适当地放下心中负载的欲望包袱,轻装上阵,这样才能让自己走得更远。也就如同一张拉开弦的弓,如果绷得太紧的话,很容易折断,只有恰到好处,你的利箭才能够飞得更远,最终射到自己的目标。

心中多一份欲望,生命就会多一份痛苦;心中多一份舍弃,生命就会多一些快乐。当你感到心累或者痛苦的时候,要问一下自己,百年以后,哪一样是自己的?这样就会让自己放慢追求的脚步,丢弃一些欲望,让自己获得恒久的快乐。

痛苦在于追求错误的东西

人之所以痛苦,在于追求错误的东西。何谓"错误的东西"呢?其实,错误的东西主要是指那些本不该属于我们自己的东西,那些超乎我们个人能力以外的东西。去追求那些超乎自身能力以外的东西，一定会感到心累至极，痛苦也会随之而来。

比如，一个大学生，刚刚参加工作就想住奢华的房屋，开名贵的汽车，但是，他本身又没有足够的能力得到，于是，每天就开始苦闷，开始不停地抱怨，痛苦就如影随形了。为此，要远离痛苦，就要去珍惜自己当下所拥有的，追求自己力所能及的东西，这样才能够使内心获得真正的平静与快乐。

有一位男子已经35岁了，各方面条件虽然很不错，但是仍旧没有恋爱、成婚。为此，他也苦闷，经常出入婚姻介绍所。

有一次，他到一家婚姻介绍所，进了大门以后，迎面看到两扇小门，一扇门上写着"美丽的"，另一扇写着"不太美丽的"。

这位男子想，前一扇门里面一定有许许多多的绝色的美女，同时还不停地幻想那些绝色美女的模样，心中很是高兴，就推开了那扇写着"美丽的"门。就这样，推开以后，远处又出现了两扇大门。一扇大门上面写着"年轻"的，而另一扇上面写着"不太年轻"的。于是，男人就开始不停地幻想，并不停地向前走。于是，他又推开那扇"年轻"的门。这样一路走下去，男人先后推开了九道门，内心不停地在幻想，并且还累得气喘吁吁，最终当他推开最后一道门时，门上又写着一行字：您还是到天上去找吧！

这虽然是一则笑话，但是却说明了一个道理，他所追求的东西是错误的，是人间根本不存在的，即便把自己累得气喘吁吁也无法达到目的。而尘世中的许多人都何尝不是像这个年轻人一样因为执著于去追求一些错误的东西，才让自己的心灵多了些额外的负累，才使自己陷入痛苦之中。

其实，我们每个人都有这样的体验：当我们年少的时候，因为无所求，无所欲念，所以才感到无比的快乐和满足。但是，当我们成年之后，因为要面对太多的世事和诱惑，心中的欲望就越来越多，为了

淡然——人生何必太强求

满足自己，我们每天都在不停地捡拾，自以为装进去的都是好东西，殊不知，捡起来的恰恰是无尽的烦恼。慢慢地，我们心中承受的东西越来越多，想拥有钱财、美色、饮食，想拥有权力、名望……凡是触及到我们生活的东西，我们都想拥有，而这些欲望一旦超乎我们的能力之外时，我们的内心会变得异常的沉重和痛苦。也正是这些，赶走了所有的快乐，为此，我们说，追求错误的东西，会置我们于痛苦之中，只有杜绝了这些贪念，珍惜自己当下所拥有的，做自己力所能及的事情，才能获得满足、幸福和快乐。

现在，如果你明白了这一点，就要勇于放弃一些负累你心灵的东西，勇于放弃那些远远超乎我们能力之外的"目标"，这样才能让自己获得真正的快乐。

知足常乐

当我们为忙碌的工作不停地抱怨的时候，有的同龄人却还处于失业的状态；当我们对自己肥胖的身材耿耿于怀时，有的人却被疾病缠身而躺在床上；当我们正在纠结要穿哪双鞋而出门时，有的人却终生要与拐杖为伴；当我们对当下贫穷的生活而不满时，有的人却已经没有了明天。

其实，无论我们处于什么样的状态之中，我们拥有的已经很多了，学会知足，丢弃那些更多的要求，放弃那些不可能实现的梦幻，放弃那些过分的狂喜，你的内心便可以获得无尽的宁静和快乐。

在单位中，大家都叫他"拼命三郎"，为此，他的业绩一天天地在攀升，同时，工资卡中的数字也在不断地变大。然而，他仍旧觉得自己拥有的"只有那么一点点"，所以，他仍旧不停地努力，不允许自己有休息的时间。

就这样，他已经完全成为了一台工作机器。有一天，终于不堪重负的他，晕倒在了办公室，在住院期间，他仍旧不分昼夜地联系业务。之后，又因为加班熬夜时间太久，他的生命的传送带还在继续运转，但是前进的齿轮却坏了，他彻底地崩溃了。同时，他终于有机会停下来，休息一下了。

在那段长时间的休养过程中，他发现，原来自己拥有的已经很多了，他原来所期望的一切都有了，现在唯一缺少的就是用心去好好地感受一下生活的美好了。于是，他开始让自己静下来，生活的脚步慢下来，让纷杂的心归于平静安宁，让惊乱繁杂的生活从此归于简单和平淡。他时常告诉自己，是的，该知足了，应该好好看看风景了才是……

我们赚钱，无非是为了让自己生活得更好、更舒心。如果我们只顾埋头苦干，不懂得知足长乐，生活的质量就会大大地降低，快乐也必然会减少。只有时常对自己说：已经够多了，才能让自己及时停下来，独享其乐融融的美妙的个人空间。

有一首《知足常乐》的歌谣，这样写道："想想疾病苦，无病即是福；想想饥寒苦，温饱即是福；想想生活苦，达观即是福；想想乱世苦，平安即是福；想想牢狱苦，安分即是福；莫羡人家生活好，还有人家比我差；莫叹自己命运薄，还有他人比我恶……"是的，其实，无论你是贫穷还是富有，无病、温饱、达观、平安、安分，等等，都是人生的大福气，明白了这些，我们还何必去苦苦追寻那些与快乐无关的物欲呢？

抓得越紧，失去就越多

舍得，舍得，是说，人生有舍弃才能有所获得。如果你舍弃了物欲，就等于舍弃了心的重负，也就能获得幸福和快乐。舍弃了名利的羁绊，也就舍弃了捆绑心灵的枷锁，也就获得了永久的轻松与坦然；舍弃了自己无可企及的目标，等于舍弃了心灵的煎熬，也就获得了永久的宁静。

淡然——人生何必太强求

在很多时候，你所得到的往往是在舍弃之后，很多东西，你抓得越紧，失去就会越多，甚至还会为此付出巨大的代价。

一个渴望拥有很多财富的人，听到沙漠中有金子，于是，就带着食物与水到沙漠中去找寻。

忍受了几天炎热的煎熬后，没有发现宝藏，但是身上的食物和水却已经没了。已经两天了，他已经没有喝过一口水，吃过一口面包。他已经没有任何力气向前行走了，于是就静静地躺在那里等候死亡的降临。

也就是在即将死亡的那一刻，他就向神做了最后的祈祷："神啊，请帮帮我这个可怜的人吧！如果我能够获得一点点的食物或者水的话，我宁肯放弃寻金计划。"

刚说完，神果然赐给他了一些水和食物。等他快速地吃饱喝足以后，就想着自己已经忍受了如此多的痛苦和磨难，怎么能够舍弃寻宝的计划呢，说不定宝藏就在不远处呢。于是，他就继续向前方寻找。

幸运的是，在前方不远处，他果然找到了很多金光灿灿的金子。于是那个人就兴奋十足，贪婪地将金子装满了自己身上所有的口袋。

当他带着沉重的金子向前走时，才发现他的体力已经承载不了如此重的金子了，而且，他已经没有足够的食物与水再向前赶路了。但是，他还是仍旧背负着重重的宝藏往前走，随着体力的不断下降，他也开始扔掉一些金子，边走边扔，即便将身上的所有金子全部扔光，也还没有能够走出沙漠。到最终，他又静静地躺在地上，在临死之前，他又开始向神祈求道："请赐予我更多的水和食物吧！"

这时已不再有神回应他了。

死到临头，还没能够摆脱内心的贪婪与欲望，最终不仅没得到金子，连性命也丢了，实在可悲。如果他能够勇于舍弃心中的物欲，可能就能顺利地走出沙漠了。

《卧虎藏龙》里有这样一句经典的话：当你紧握双手，里面什么也没有，当你打开双手，世界就在你的手中；只有懂得放弃，才能使你在有限的生命里活得充实、饱满而旺盛。只有适时地舍弃，才能得到更多。

著名作家史铁生曾经用"命若游丝"来形容生命的脆弱与短暂，在脆弱与短暂的生命中，有太多珍贵的东西需要我们去把握，但是如果我们为了追求身外之物而失去了生命中更重要的东西，那是得不偿失的。要知道，人内心的欲望就像一团燃烧的烈火一般，柴放得越多，火就会烧得越旺，而火烧得越旺，你就时刻会有再添柴的冲动，永远没有尽头……

尘世中充满了太多的诱惑，这些诱惑就像柴一样，时刻让你的欲火燃烧不止：想拥有更多的财富，拥有幸福的家庭，拥有可爱的儿子，拥有成功的事业……诸多的诱惑会让你的一个个的愿望实现而变本加厉，渐渐地，你的心灵将会疲惫不堪，你的生活也会枯燥无味，最终让你的整个生命也变得苍白无力，所以，能够及时地舍弃，也是人生的一种收获。只有勇于放下，才能拥有超乎自己想象的更珍贵的、更有价值的东西。

善待此生，改变活法

有一首诗这样写道："花未全开月未圆，留有余地才是美；随心所欲不逾矩，把握尺度最智慧。"是说，生活不应该被装得太满，要留有余地，要把握尺度，才能获得圆满。其实是告诉我们，生活中要把握尺度，别让过多的忙碌疲惫了你的心灵。

作家叶天蔚曾这样说过："在我看来，最为糟糕的境遇不是贫困，不是厄运，而是一个人的身心处于一种无知无觉的疲惫的状态。那些感动过的一切不再感动你，吸引过的一切不再吸引你，甚至激怒过的一切不激怒你，即便是饥饿与仇恨，也是一种强烈的让人感到存在的东西，那种疲惫会让人止不住地滑向虚无。"如果我们的生活处于这样

淡然——人生何必太强求

的状态之中，那么，你就要反思一下，并适当地学着改变一下了。

一对恩爱的夫妻，丈夫因为遇到车祸而终生残疾，为了给丈夫看病，妻子变卖了家中所有的财产。

出院以后，丈夫再也站不起来了，被疑为终身残疾，只能躺在床上度日。从此之后，夫妻两人本来富裕的生活一下子转入捉襟见肘的境地。如此巨大的打击，让丈夫心灰意冷，看到憔悴的妻子，他想一死了之。而妻子每天只是坚强地微笑着辛苦赚钱照顾丈夫。

他们住在不到十平方米的小屋子中，只有到黄昏的时候，才会有几缕阳光透过小窗户照进来。每当这个时候，妻子便会欣喜地坐在丈夫的床头，不停地给丈夫讲窗外的景色：那里有一汪明澈的小泉，有漂亮的野花，还有婀娜的垂柳，或者还有几只可爱的小鸭子在水中游动……日复一日，这样精彩的生机勃勃的画面，给丈夫带来了新的希望，果然，丈夫在妻子的照料和安抚之下，终于奇迹般地站起来了，当他终于可以站在窗前的时候，愕然发现窗外是一片狼藉的杂草丛生的荒草地和半面坍塌的砖墙。

但是，那又能如何呢？他已经完全地站起来了！

生命本应该是多姿多彩的，我们一定要适时地停下我们匆忙的脚步，改变一下心境，放松心灵，多去发现生活中的美，让我们仔细享受生活中的美。

一位不久于世的老先生，在临终时，在日记本中写下了这样一些文字："如果我可以从头再活一次，我一定要去冒险，让生命多一些经历；我不再事事都追求完美。我宁愿多休息，随遇而安，糊涂处世，不对将要发生的事情处心积虑地算计。其实，人世间有什么事情需要斤斤计较呢？如果可以的话，我会选择去旅行，去跋山涉水，欣赏人间更多的美景。以前怕健康有问题，所以不敢吃冰激凌，此刻的我又是多么的后悔。过往的日子，我活得实在是太过小心，每一分、每一秒都不敢松懈，生怕自己会失去什么，现在看来，就是因为太过小心，让我失去了太多。

"如果生命可以重来一次，我会什么也不准备就上街，甚至连纸巾也不会带一块，我会放纵地享受每一分钟、每一秒。如果可以重来，我会赤足走出户外，甚至还会彻夜不眠，让自己的生命好好地享受和谐的美。如果可以，我还会无所顾忌地去与小朋友们玩耍。然而，这一切都是不可能的了，生命不可能重来一次。"

美国诗人惠特曼说："人生的目的除了去享受人生外，还有什么呢？"是的，生命的真正意义在于享受，它本是丰富多彩的，除了要工作、学习和赚钱之外，还有许多美好的东西值得我们去尝试、去品味。温馨和睦的家庭生活，窗外的蓝天白云、花红草绿，大自然中飞溅的瀑布、浩瀚的大海、雪山与草原等。此外，还有诗歌、音乐、沉思、读书、写字……为此，我们一定要将目光从"图功名""得物欲"上面转移，好好享受一下生活中的这些美好吧。

"对酒当歌，人生几何"，人生短短几十年，此时不享受，更待何时？善待此生，改变活法，你就会发现，天，依然是这样蓝，树，依然是如此绿。生活原来可以如此的安宁和和谐。好吧，让我们从此时开始尽情地享受生活吧，好好善待生命！

享受孤独之美

在人海中沉沉浮浮，心难免会浮躁、劳累！我们要适时为自己留一段空白，留一段云淡风轻的孤独，如此才能让自己内心沉淀下来，体味人生绝美的滋味。

孤独是心灵的家，沉浸在其中，你会感到一种无比的幸福和快乐。心中有家，生命才有路。孤独是一种感觉，是一种情绪；也有人说，孤独是个性的浓缩，一种寂寞的悲哀，是一种欲盖弥彰的表现。但是更为确切地说，孤独是一种心境。每天为尘世忙碌的人，根本无法真正体会到孤独的境界，沉湎于浮躁和焦虑中的人，是无法体会到孤独带给人的那种静美的滋味的。

淡然——人生何必太强求

在很多时候，孤独是一种与众不同、无法向他人诉说的情愫。当你感到孤独的时候，你完全可以随心所欲，不用顾忌任何的眼色，这份自在，这份轻松，足以令人身心彻底放松。如果你感受到这份自在，便能品尝到孤独的最大乐趣。

很多人在提及"孤独"时，往往含着同情或者怜惜，认为它是一种难受的情愫，然而，孤独却是一种极高的人生享受，许多伟大的事业，无不是在孤独中完成的。

"艺术天才"纪伯伦是位伟大的诗人兼画家，而他的艺术成就，多数是在孤独的状态下完成的。

纪伯伦在很小的时候就失去了亲人，孤独和生活重担常常压得他喘不过气来。为了排遣精神上的孤独，他用充满哀愁、倾听和憧憬的手法开始全身心地投入散文和诗歌的创作，借以释放内心的压抑和情感。当时的纪伯伦才刚刚20岁，但是，他的作品已经充满了对社会的关注，而这一切的成就都是在孤独中完成的。

后来，才华横溢的纪伯伦得到了有艺术鉴赏力的玛丽·哈斯凯勒的赏识，于是她就慷慨资助纪伯伦去当时的艺术之都——巴黎去学绘画，最终成就了他艺术上的伟大的成就。

在很多时候，孤独之中的生命是最为充实的。你可以在孤独中找回许多的失落，找到富有生命力的艺术灵感，为心灵拭去忧郁和痛苦。人生只有在宁静之中才能致远，在淡泊之中才能明志，这样的灵魂和生命又何尝不是最充实的！要知道，人的潜能，未经过磨炼，怎能够散发出光彩来。人生的痛苦，在很多时候是来自刻意的执著，为此，要摆脱痛苦，就要将心灵置于孤独之中，重新规划，这样才能让自己走得更为久远。

懂得品味孤独的人，是真正懂得生活的人，是可以把握自己生活的人，让我们做一个与他人相处、会调节生活的人吧，独处中自有乐趣，孤独之中自有惬意，只要你仔细去品味。

第10章 摆脱纠结，简单才快乐

人生最痛苦的就是徘徊于坚持和放弃之间，那种取舍不定的挣扎是如此的痛苦。其实，这种痛苦主要来自于我们生活中的『选择』太多。所以，如果我们能够及时舍弃，让自己的生活变得简单一些，才能找到生命的归属感，才会发现心灵的天空风轻云淡，才能彻底地摆脱纠结带给我们的痛苦。

患得患失只会羁绊你前进的步伐

在前进的道路中，很多人因为患得患失，顾虑重重，总会犹豫不决，让心灵背负上沉重的包袱，为此而让自己错失良机，羁绊自己前进的步伐。

其实，人们犹豫、痛苦和焦虑的心绪无非是源于在面临众多选择时所产生的难以割舍的矛盾的心理。要知道，有选择就会有放弃，而放弃又是每个人都不情愿的事情，为此，内心就自然滋生出许多烦恼和痛苦了。

在古代，有一个非常优秀的弓箭手，他的箭百发百中，从来没有失手过。为此，人们争相传颂他的高超的射技，对他也十分敬佩。

后来，他的美名也传到了当朝皇上的耳朵里。皇上就命人将他请到宫中亲自表演，并对他说："今天请你来是想请你展示一下你精湛的射技，如果你射中了远处的那个目标，就赐给你万两黄金，如果射不中，就发配你到边疆充军去。"

这位箭手听了皇上的话，一言不发，神色激动。他取出一支箭搭上弓弦，但是心中想着此箭一出就关系着自己的命运呀！再三犹豫，一向镇定的他呼吸变得急促起来，拉弓的手也开始抖起来，犹豫再三，终于，箭离弦而去，最终箭落在离靶心几尺远的地方。

他，脱靶了。这是让人难以置信的问题，但是就是如此。旁边的一位大臣叹道："看来一个人只有真正地将得失置之度外，才能成为真正的神箭手呀！"

一个人考虑得越多，心里的折磨就越大，前进的步伐就越艰难，成功的概率就大大地降低了。而弓箭手之所以没能够发挥自己真正的射箭水平，在于他太过于在乎自己的得失，内心顾虑多了，心灵背负的东西重了，失败也就自然降临了。

其实，在现实生活中，许多人都在犯着同弓箭手同样的错误。在生活的道路上，我们可能都要面临各种各样的痛苦的选择，就如同掉进深泥潭里一样，当遇到高成本的机会时，每个人都常常无法迅速做出选择，因为他们都不愿意轻易地放弃可能得到的东西。因为肩上的东西太多，把已经拥有的抓得太紧，所以才会患得患失，才会导致最终的失败。要知道，如果什么都想要，最后不仅什么都得不到，还会徒增许多痛苦。

为此，我们可以说，舍弃也是需要胆略和智慧的。只有认准心中的真正目标，勇于将得失置之度外，才能减轻内心的痛苦，也才更容易直达成功的彼岸。

该出手时就出手

人之所以纠结，是因为犹豫太多。在奋斗的道路上，犹豫是成功的首要敌人，它是勇气的绊脚石。在面对一次机会，在我们对成功与失败难以把握时，它往往把失败的原因都一股脑儿地推到面前，从而把选择的砝码加重到失败一方，而使我们与成功失之交臂。

犹豫，使人失掉的是一个个机会。许多本可以成功的人，正是因为没有克服掉犹豫这个惰性，与一个个机会无缘，而抱憾终身。

有一位高智商、有学问的大才子，毕业后，就决定"下海"做生意。

淡然——人生何必太强求

有位朋友建议他去炒股票，于是，他就豪情冲天，但是他又犹豫道"炒股有风险啊，等看看股市的大致形势再说吧"！

又有一位朋友建议他到夜校兼职讲课，他很是感兴趣，但是快到上课时间了，他又犹豫起来："讲一堂课，才这么点收入，还那么累，等以后落魄的时候再说吧！"

就这样，他尽管很有天分，很聪明，机灵，但却一直在犹豫中度过。两三年了，一直没有真正地做过一件事情，最终碌碌无为。

世界中，处处充满了机会，但是所有的机会都是稍纵即逝的。一旦有了机会，就应该及时把握，抛却犹豫，果断决策，勇敢去行动。否则，你就会被犹豫所囚禁，也只能永远站在那里看着别人成功。

犹豫不决，是成功的最大障碍。俗话说得好："机不可失，失不再来。"在你犹豫不定时你会发现机会已经溜走了，那么，再埋怨和懊恼又有什么用呢？真正有勇气、有智慧、有胆略的人是不会犹豫不决的，这样的人在任何时候都懂得把握机会，速战速决地直击目标，这样让他们离成功越来越近。

过多的犹豫，除了给你带来忧郁和纠结以外，别无用处。为此，在追求的道路上，就要该出手时就出手。

简单才能快乐

梭罗的一句话至今感人至深，他说："简单点儿，再简单点儿！奢侈与舒适的生活，实际上妨碍了人类的进步。"其实，生活原本是极为轻松的，但是我们却活得很累。这主要是我们的生活太过复杂，每天都充斥在金钱、功利和利益的围城中，为它们所角逐，在这样的状态中，我们能不疲惫吗？

其实，简单的生活，是最为真实和精彩的。当我们生活在灯红酒绿、推杯换盏、斤斤计较、欲望及诱惑之外，不再挖空心思去依附权势，不必去贪图金钱，用不着留意别人看你的眼神，没有锁链的心灵，快乐而自由，随心所欲，该哭就哭，想笑就笑，简简单单地存在着，何尝又不是一种惬意呢？

在城市的僻静处有一条老街，街上有一家铁匠铺，里面有一位老铁匠，每天就是打制铁制品、斧头，等等。他每天都坐在铁门之内，货物摆在门外，不吆喝，不还价，晚上也不收摊。这位老人过着与世无争的极为简单悠闲的生活。

在卖货的同时，他的手中也时常拿着一个简陋的半导体收音机，身旁放一把紫砂壶。老人不在乎生意好坏，他老了，挣的钱够自己喝茶和吃饭就行了，他很满足。

有一天，一个经营古董的商人从这里走过，他无意间看到老铁匠身边的那个紫砂壶，经过仔细鉴定，商人发现这把紫砂壶是一个宝贝。商人没有任何的犹豫，对老铁匠说："我愿意出10万元买下这把壶。"老铁匠听到这个数字，内心颤动了一下，随后马上拒绝了。因为这把壶是他们祖传下来的唯一的东西。

自从那位商人走后，老铁匠第一次失眠了。他真的没有想到，那么普通的一个茶壶竟然能值那么多钱，他的内心开始不平静起来。同时，商人走后，老人的生活也变得不再简单了，周围所有的人都来看他这个"宝贝"，门槛都快被踏破了。有的询问他还有没有其他的宝贝，有的甚至开始向他借钱。还有更为过分的，大晚上竟然来敲他的门。就这样，他的生活一下子乱了套。

过了一段时间之后，先前的那位商人再次带着30万元现金登门，老铁匠再也无法忍受了。这一次，他将左右店铺的人全部招来，拿起一把斧头，当众就将那把紫砂壶砸了个粉碎。

由此可见，简单的生活能够使人体味到心灵的自由和平静，也

淡然——人生何必太强求

更能让人认识到生命的真谛所在。

现实生活中,我们之所以太累,之所以不快乐,就是被太多的物欲和功利所困扰。为此,要果断放弃那些不属于自己的东西,不追求那些过多的物质的东西,抛弃那些浮华和虚荣,欣然面对清贫,欣然面对平凡的日子,心灵自然会放松,就会享受到轻松生活的美妙和芬芳。

既然简单的生活如此精彩,如此能体现生命的价值,那么,生活在现代社会中的我们应如何才能让自己的生活变得更为简单呢?

要想活得简单,首先要做的事情就是知道什么才是自己真正想要的。你可以在你手边备一张便条纸,一支笔,将自己想要的东西、想完成的事情都列出一个清单出来。当达到其中一项目标时,就能产生一种强烈的成就感与满足感;如果条件限制,暂时做不到,那么只要将它继续留在清单上好了。过一段时间,我们可能就会惊奇地发现有的愿望居然自己实现了;或者那些我们实现不了的愿意,也就没必要急于去实现它了。

其次,要想过一种简单的生活,就要做到心存简单,不要让心灵背着太多的欲望包袱,不要与其他人进行攀比,不要终日惶惶不安地迷失在自己制造的种种需求中,在物欲的罗网里苦苦挣扎;内心简单了,欲望和追求也自然就会少了。

总之,简单的生活也是一种有艺术的生活,只要你肯听从于你的内心,就能让自己活得简单,不被生活的琐事所缠,这样的生活也是最为精彩的生活!

丢了什么，别丢了梦想

一个人最可怕的行为，就是丧失了梦想，没有了进取心，一味地只想着去享受。这样只会让你越来越堕落，让你纠结，让你痛苦。所以，漫漫人生征途中，丢了什么，也别丢了你的梦想，它是你人生的支撑。

有一位刚出家的小和尚，每天无事可做，就是在寺院中不停地念经，这让他心烦不已。

有一天夜里，他做了一个奇怪的梦，梦到自己来到宫殿，当他看到一座金碧辉煌的宫殿时，激动不已。幸运的是，宫殿的主人看到他之后，就请他居住了下来。

小和尚说道："我每天都忙于念经和学习，简直是无聊至极。"

主人说道："那什么才算是有意思的事情呢？"

小和尚说："当然是每天只吃饭，只睡觉了，那种日子才叫惬意呢！"

主人说道："果真是这样的话，那么，世界上再也没有比这里更适合你的居住的了。我这儿有丰富而美味的食物，你想吃什么就吃什么，不会有人来打扰你。"

听罢此话，小和尚就高高兴兴地住了下来。

在开始的一段时间里，小和尚每天除了吃饭就是睡觉，感到快乐无比。但是慢慢地，他发现自己有点寂寞和空虚了。于是，就去见宫殿的主人，抱怨说："这种每天吃吃睡睡的日子过久了也没有多大意思，我对这种生活已经提不起一点兴趣了。你能不能给我找几本经书看看，或者时不时地给我讲几个佛祖的故事听呢？"

宫殿的主人答道："对不起，我们这里从来没有这样的先例，这里只供客人吃住、享受，你还是好好地享受吧！"

又过了几个月，小和尚感到内心空虚极了，就去找宫殿的主人说："这种日子我实在是过不下去了。"

一个人要想体现自己的价值，就必须要思考、要劳动。如果你整天生活在安逸之中，衣食无忧的，表面上看似在享受，其实无异于活在地狱之中。长时间地将自己浸泡在安逸之中，人也无异成了行尸走肉，体会不到生命的任何价值。

丢了什么，别丢了梦想！梦想是支撑我们人生向前的动力，丢了它，人生将会在摸索黑暗中前行，永远找不到生命的真正价值。如果丢了梦想，你就不会珍惜你得到的东西，也不会对周围的事物心存感激，更不容易得到满足；而通过实现梦想，获得成就，你就能体会到收获和快乐，珍惜自己所拥有的，对周围的事物心存感激！因此，无论你是腰缠万贯，还是一贫如洗，永远要记住，只有树立自己的理想，做出真正的成绩，才能切实地体会到生命的本质。

在任何时候，我们可以在经济上贫穷，但是绝对不能让自己在精神上打折，这样会置我们于痛苦和纠结之中。为此，我们要时刻地反省：当下的自己是否处于碌碌无为的状态之中，是否甘愿生活在安逸之中，尽早让自己走出迷惘，体味到生命真正的精彩，这不是对人生的苛求，而是让生命获得质感，只有有质感的人生，才能让我们体会到最大的快乐和幸福。

闲看庭前花开花落

《菜根谭》中有这样一句话:"宠辱不惊,闲看庭前花开花落。"意思是说,为人处世能视宠辱如花开花落般平常才能够不惊。这句话说起来容易,做起来就难了。谁能够保证自己一生都能做到不忧不惧、不悲不喜呢?很多事情我们只能够坦然面对,很难改变。为此,要想使自己活得快乐,活得幸福,就应该学会顺其自然,顺着自己的心境。

世界著名的迪士尼乐园经过几年精心的施工准备,马上就要对外开放了。但是作为迪士尼乐园的设计师格罗培斯却备感焦虑,他在为各个景点之间的路该如何连接而发愁。

那一天,他独自一人驾车来到地中海海滨,想给自己放松一下,好让自己在轻松的状态中找出一个好的设计方案。汽车就在法国南部的乡间公路上自由地奔驰着,这里漫山遍野都是当地农民的葡萄园。

当他的车子拐进了另一个小山谷的时候,发现里面停着很多辆车。于是,他就好奇地下了车,看到一些人挎着篮子在葡萄园摘葡萄。原来,这是一个无人把守的葡萄园,你只要在路边的箱子里投法郎就任意摘一篮葡萄上路。

格罗培斯看到葡萄园的这种做法,一下子有了灵感。原来,这位葡萄园的主人因为年事过高,因为无力照料这个园子,才想出了这个办法。令人不可思议的是,在这个盛产葡萄的地区,他的葡萄总是最先卖完。这种给人自由,任其选择的做法让格罗培斯触动很大。

回到家中,他就找到了施工部,让他们撒上草种,并且准备提前开放迪士尼乐园。在迪士尼乐园提前开放的半年里,草地上出现了许多小道,这些踩出的小道有宽有窄,优雅自然。第二年,格罗培斯让人按这些踩出的痕迹铺设了人行道。后来,在1971年的伦敦国际园林建筑艺术研讨会上,这个迪士尼乐园的路径设计被评为世界最佳设计。

任何一件事物都有自己独特的风采和特点,我们如果依照个人的意愿只会抹掉其本来的面目,毁了它原本的价值,还不如顺其自然,这也是我们对待人生的一种极好的态度和方法。

一位作家曾说:"在人生里,我们只能随遇而安,来什么,品味什么,有时候是没有能力选择的。学会随遇而安,你能够轻松地挫败生活中许多看似不可战胜的困难。这是面对生活最为强硬的方式。"是的,在很多时候,逃避根本不是最好的方法,转身也不一定是软弱,面对人生的各种境遇,没有必要委屈自己,也不必为之感叹、抱怨和痛苦,无论来去与否,无论漂流到何方,任你红尘滚滚,我自朗月清风。人生本就很短暂,何不让自己活得自在些呢?

不应只为那张"脸"而活

多数人都是个讲"面子",并且爱"面子"的人。在交际场合,我们经常为了顾及自己的面子而说出一些言不由衷的话,做一些表里不一的事。公众场合,我们也经常为了面子而大肆吹牛:明明没有钱,但为了显示出自己活得比他人好,有能耐,就逢人摆阔气,装"款爷""富婆",今天请吃请喝,明天喝五吆六进舞厅,面子倒是耍尽了,欠下一屁股债务后,暗地里只能吃咸萝卜;明明能力不足,但就因为撕不破朋友这一张脸皮,强装君子风度,握手言欢,答应帮朋友做一些力所不及的事情,最终让自己跳进痛苦的深渊;夫妻间明明已经是同床异梦,毫无感情,家庭已成为一种摆设,但一想起面子，社会议论，就装出一副男欢女爱的面孔来支撑婚姻大厦，直到心力憔悴……可以说，面子是我们身心疲惫的源泉。

其实，人要面子并没有错，但是不要让面子成为自己的一种负累，人不应只为那张"脸"而活。认真做自己应该做的事情，不做勉强的事，因为勉强本身不仅委屈了自己，也委屈了别人，最有面子的人生就是真实状态下的人生。

古代大哲人苏格拉底的生活就值得我们每个人仿效。

在邻居眼中，苏格拉底过的是一种"没有面子"的生活。每天早晨，都会见他赤着脚走出家门，踩着晶莹的露水，跳到一块等待雕刻的大石头上，仰起头向太阳热情地问候，晚上与星星和月亮挥手告别。

他从来无视众人怪异的眼光，披上他那破旧不堪的袍子，准备到集市上和民众们辩论，传播他的"思想"。

有一次，正为早餐而发愁的妻子冲出来，在众人面前厉声地责备他，高声向他叫嚷，抱怨家里的米缸已经底朝天了，骂他天天无所事事，游手好闲，不求上进。

苏格拉底却不顾众人的窃笑，亲昵地拥抱一下老婆，向外边走边说："亲爱的，我去工作了。"

愤怒的妻子把一盆水泼向苏格拉底，他顿时被浇成了落汤鸡。苏格拉底像骑士一样抖抖湿透的袍子，对哈哈大笑的邻居说："看来我猜对了，电闪雷鸣过后，必有大雨倾盆。"

多数人都嘲笑苏格拉底是个不要"脸"的人，在众人面前也不讲面子，经常做出丢面子的事。而这正是苏格拉底的高明之处，因为他自己明白人不能只为了一张"脸"而拖累了自己的思想。对于他来说，面子是不重要的，思想是最为重要的，为了面子而扰乱自己的思想，自己的生活，是得不偿失的。

为此，我们切不要为了面子而去花费两三个月的薪水换一身新行头；不要再违心地在众人聚会时充大方争抢着付账单，却见荷包瘪下去而暗暗心疼；更不要再不懂装懂了，承认自己也有无知的时候，这没什么丢脸的。

人的一生不应该只为那张"脸"来活，想要活得洒脱，还是不要为那张面子而让自己活受罪。当然，我们说要放下面子，不是告诉你，要放弃自己的尊严。我们是说，那些华而不实的面子，在很多时候只是为了满足一下自己的虚荣心罢了，该放下就必须放下，这样我们才能活得轻松，活得潇洒，活得快乐！但是与我们自尊有关的面子，还是得维护，毕竟有自尊的人才能真正地赢得别人的尊重。

别让碌碌无为的心态毁了自己

生活中，有这样一群人：他们拥有大量的财富，但是不懂得珍惜，出手大方，住豪宅，配名车，举办各种派对，每天都生活在纸醉金迷之中。时间一久，就会感到莫名的空虚。他们经常为自身的价值而纠结，为找不到生活目标而痛苦。

财富的确是用来享受的，但是如果因为拥有大量的财富而让自己碌碌无为，长期处于这样的状态中，养成了享乐的心态，内心除了纠结，是得不到真正的快乐的。要知道，物质的享受，只能给自己带来一时的满足，但是心灵上的空虚和纠结却是永久的。人生在世不过几十年，碌碌无为的一生，只会让自己的生命空虚，让生命失去其色彩。

有一次，一位年逾百岁的老人问老子，说："先生，我听说你博学多才，有一个问题想请教你！"

老子说："请讲！"

老翁说："我今年106岁，是当地的老寿星了。但是，说实话，从小到大，我都游手好闲地度日，与我同龄的人都很有作为，他们都开垦了百亩沃田，但是到头来却还没有一席之地，建了几舍房屋到最终却没有容身之地。而我虽然一生不稼不穑，却还吃着五谷；虽然有置过片砖只瓦，却仍然居住在避风挡雨的房舍之中。"

说完之后，老翁就露出了得意的笑容，他说出了自己想说的话："我现在是不是可以嘲笑他们过于劳碌的一生，最终却换来一个早逝呢？"

老翁想，这么难的问题，一定会难倒老子。但是，老子却微微一笑，对老翁说道："老先生，麻烦你去帮我找来一块砖头与石头。"片刻，砖头和石头就被呈了上来。老子说道："如果现在让你从中选择一个，您是要砖头还是石头？"

老翁听罢哈哈大笑起来，最终指着砖头说："我当然是择取砖头了。"老子也跟着笑着，问道："你为什么选择砖头呢？"

老翁却不以为然地说："这还不简单吗？因为石头没棱又没角，要它有什么用处呢？"

老子又转身来问围观的其他的人："你们是要石头还是要砖头？"

"砖头，砖头！"大家异口同声地叫了起来。这时，老子却心平气和地说："那我再问问你，是石头的寿命长呢，还是砖头的寿命长呢？"

众人都不假思索地说："肯定是石头！"

这个时候，老子才慢慢说道："你也知道石头寿命长，可是为什么不选择寿命短的砖头？它们的区别，不过是有用和没用罢了。天地万物不过如此，寿命虽然短，但是于人于天都有益，天人皆择之，皆念之，短亦不短；寿虽长，于人于天无用，天人皆摒弃。"

老子如此的一番话，让老翁顿时无地自容，异常佩服老子对人

淡然——人生何必太强求

生的理解。

人生就如同石头与砖头一般，想要成为什么，关键就看自己的选择。石头虽然轻松，但是它感受不到生命的任何精彩；而砖头能够在各个领域中发挥自己的优势，这是石头从不可能体会得到的。在短暂的生命中做出成就来，远比在长久的生命中碌碌无为要精彩得多，人生的真谛也是如此。活要活出意义来，没有任何意义的人生，即便活得再长，也无法创造价值，只是在虚度光阴，让自己的灵魂空虚罢了。

用行动来告别纠结和犹豫

有一些人总是幻想着什么时候才能成功，什么时候才能拥有自己的公司，什么时候才能成为千万富翁；还有一些人总是这样说：我想成功，但是还没有考虑好，还不知道到底做什么……这些人每天都生活在空想中，给自己的思想增加了莫名的负担，总是为自己的行动而纠结。要知道，你身边的一切皆来自于真真实实的生活，一味地幻想，只会将事情复杂化，让你无法面对现实的压力，这样不仅是在给自己增加思想负担，最终也不可能取得成功。

有一位刚刚毕业的年轻人，很想成功，总想着用什么方法可以一举成名。他想了很多方法，都没能将一件事情付诸行动。只是执著于每天的空想之中，就这样，几年过去了，他仍旧没做出一点成就。为此，他非常烦恼，也极度的焦虑。

这个时候，他就去找一位名扬天下的企业家，询问他，是靠什么名扬天下的。他说："我每天都在纠结于如何成功，如何成名，想了很多的方法，但是，几年过去了，我仍旧平平庸庸，还是一无所成。"

这位企业家了解他的心思，就问他："你真的很想成功，很想成名吗？"

"对啊！我连做梦都在想，我什么时候才能像您一样出名呢？"年轻人忙不迭地回答道。

"等你死了以后，你一定会大大出名了。"企业家不慌不忙地说。

"为什么要等到我死了以后才能够出名呀？"年轻人吃惊地问道。

企业家就告诉他说："因为你一直想拥有一座高楼，可是从没有动手去建造这座高楼。所以，你一辈子都生活在空想之中，等你死后，人们就会经常提起你，以告诫那些只会做白日梦、不肯动手去做事的人，如此一来，你就名扬天下了。"

每天在幻想之中纠结，只会让你的灵魂备受折磨，让你离成功越来越远。对于任何一个人来说，如果有了梦想，仅仅停留于空想的阶段，永远也无法达到你自己想要的结果，只会徒劳地给自己的思想增加负担和无谓的痛苦。

要让自己的心灵不再受幻想的折磨，那就要立即行动，用行动驱逐幻想，让幻想变成现实，这是解救自己的唯一的方法。

所有的幻想，只有在行动之后才能够切实地实现。只有毫不犹豫地拿出行动来，才是幻想成真的必经之路，才是让自己获得轻松愉快的重要途径。

第 10 章　摆脱纠结，简单才快乐

用自己的双手采摘幸福的果实

扪心自问,你是否曾经这样幻想过:希望周围的朋友提供给自己一份好工作;希望家人给自己一个安逸的生活环境;希望遇到一个条件优越的爱人,通过婚姻改变自己的命运;希望有个贵人可以助自己走向成功……回顾一下这些事情的结果,有多少真的如你所愿了?

人,永远不该把幸福寄托在别人身上,只有依靠自己,才能采摘到幸福的果实。

有一只小蜗牛询问妈妈:"为何我们从出生到现在,都要背负如此沉重的硬壳呢?"

蜗牛妈妈笑了笑说道:"因为我们身体中没有骨骼的支撑,只能缓慢地向前爬行,而且速度还很缓慢,所以,我们需要这个壳的保护。"

小蜗牛抬起头,疑惑地看着妈妈,说:"毛毛虫姐姐也没有骨头,爬得也很慢,为什么它就不用背着这个又硬又重的壳呢?"

蜗牛妈妈却说道:"因为毛毛虫姐姐可以变成蝴蝶,天空会保护它啊!"

"可是,蚯蚓哥哥也没有骨头,爬得也不快,又不会变成蝴蝶,为什么它也不背着这个又硬又重的壳呢?"小蜗牛依然很不理解。

蜗牛妈妈说道:"蚯蚓哥哥会钻土啊!大地会保护它们啊。"

听到妈妈的这番话之后,小蜗牛哭了。它大声地说:"妈妈,我们好可怜呀!天空不保护我们,大地也不保护我们!"

蜗牛妈妈安慰小蜗牛:"不要哭,孩子!我们不靠天,也不靠地，我们靠自己！"

在任何条件下，我们都不要把幸福寄托在他人身上，那样会让我们失望，会让我们抱怨，会让我们纠结，会让我们永远生活在痛苦之中。你想获得幸福，却不去做一件能让自己幸福的事情，总巴望着别人能给自己幸福，那么，如何才能等到自己想要的幸福呢？

记住，对你最好的人永远是你自己。要获得幸福，就要把所有的事情交给自己去做。要知道，一个人只有好好地把握住自己，才能真正地强大起来，才能够构造坚固的幸福堡垒。如果你不能把自己撑起，别人也不可能一直将你撑起，因为任何力量都无法胜过自己内心的强大。